Apprendre

Eureka Math®
4e année
Module 4

Great Minds PBC is the creator of Eureka Math®,
Wit & Wisdom®, Alexandria Plan™, and PhD Science™.

Published by Great Minds PBC. greatminds.org

Copyright © 2020 Great Minds PBC. All rights reserved. No part of this work may be reproduced or used in any form or by any means—graphic, electronic, or mechanical, including photocopying or information storage and retrieval systems—without written permission from the copyright holder.

ISBN 978-1-64929-089-2

1 2 3 4 5 6 7 8 9 10 XXX 25 24 23 22 21 20

Printed in the USA

Apprendre ♦ Pratiquer ♦ Réussir

La documentation pédagogique d'*Eureka Math®* pour *A Story of Units®* (maternelle - 5e année) est proposé dans le trio *Apprendre, Pratiquer, Réussir*. Cette série prend en charge la différenciation et la remédiation tout en gardant les documents pour les élèves organisés et accessibles.
Les éducateurs constateront que la série *Apprendre, Pratiquer* et *Réussir* propose également des ressources cohérentes—et donc plus efficaces—pour la réponse à l'intervention (RAI), la pratique supplémentaire et l'apprentissage pendant l'été.

Apprendre

Eureka Math Apprendre sert de compagnon de classe aux élèves, où ils montrent leurs réflexions, partagent ce qu'ils savent, et voient leurs connaissances s'enrichir chaque jour. *Apprendre* rassemble le travail quotidien en classe—Problèmes d'application, Tickets de sortie, Séries de problèmes, Modèles—dans un volume organisé et facilement navigable.

Entraînement

Chaque leçon *Eureka Math* commence par une série d'activités de perfectionnement énergiques et joyeuses, y compris celles se trouvant dans *Eureka Math Pratiquer*. Les élèves qui maîtrisent déjà leurs savoirs en mathématiques peuvent acquérir une plus grande maîtrise pratique, encore plus approfondie. Avec *Pratiquer,* les élèves acquièrent des compétences dans les savoirs nouvellement acquis et renforcent leurs apprentissages antérieurs en vue de la leçon suivante.

Ensemble, *Apprendre* et *Pratiquer* fournissent tout le matériel imprimé que les élèves utiliseront pour leur enseignement fondamental des mathématiques.

Réussir

Réussir d'Eureka Math permet aux élèves de travailler individuellement vers leur maîtrise. Ces séries additionnelles de problèmes font correspondre chaque leçon à l'enseignement en classe, ce qui les rend idéaux comme devoirs ou entraînements supplémentaires. Chaque ensemble de problèmes est accompagné d'une Aide aux devoirs, un ensemble d'exemples concrets qui illustrent comment résoudre des problèmes similaires.

Les enseignants et les tuteurs peuvent utiliser les livres *Réussir* des niveaux précédents comme outils cohérents avec le programme pour combler des lacunes dans les connaissances fondamentales. Les élèves s'épanouiront et progresseront plus rapidement parce que les modèles familiers facilitent les connexions au contenu de leur niveau scolaire actuel.

Élèves, familles, et éducateurs :

Merci de faire partie de la communauté *Eureka Math*®, qui célèbre la passion, l'émerveillement et le plaisir des mathématiques.

Dans la salle de classe *Eureka Math*, un nouveau type d'apprentissage est activé par la richesse des expériences et des dialogues. Le livre *Apprendre* met entre les mains de chaque élève les instructions et séquences de problèmes dont ils ont besoin pour exprimer et consolider leur apprentissage en classe.

Que contient le livre Apprendre ?

Problèmes d'application : La résolution de problèmes dans un contexte réel fait partie du quotidien d'*Eureka Math*. Les élèves renforcent leur confiance et leur persévérance lorsqu'ils appliquent leurs connaissances dans d'autres situations, nouvelles et variées. Le programme encourage les élèves à utiliser le processus LDE—Lire le problème, Dessiner pour donner un sens au problème, et Écrire une équation et une solution. Les enseignants facilitent le partage des travaux entre les élèves qui se présentent mutuellement leurs stratégies de solution.

Séries de problèmes : Une série de problèmes soigneusement séquencée offre une opportunité en classe pour un travail indépendant, avec plusieurs points d'entrée pour la différenciation. Les enseignants peuvent utiliser le processus de Préparation et de Personnalisation pour sélectionner les problèmes « À faire » pour chaque élève. Certains élèves effectueront plus de problèmes que d'autres ; l'important est que tous les élèves disposent d'une période de 10 minutes pour exercer immédiatement ce qu'ils ont appris, avec un léger encadrement de leur professeur.

Les élèves amènent avec eux la Série de problèmes jusqu'au point culminant de chaque leçon : le Compte rendu de l'élève. Ici, les élèves réfléchissent avec leurs pairs et leur enseignant, articulant et consolidant ce qu'ils se sont demandé, ce qu'ils ont remarqué et ce qui a été appris ce jour-là.

Tickets de sortie : Les élèves montrent à leur enseignant ce qu'ils savent grâce à leur travail sur le Ticket de sortie quotidien. Cette vérification de la compréhension fournit à l'enseignant des preuves précieuses en temps réel de l'efficacité de l'enseignement de ce jour-là, offrant un aperçu indispensable de la prochaine étape à suivre.

Modèles : Occasionnellement, le Problème d'application, la Série de problèmes, ou toute autre activité de classe nécessite que les élèves aient leur propre copie d'une image, d'un modèle réutilisable, ou d'un ensemble de données. Chacun de ces modèles est fourni avec la première leçon qui les exige.

Où puis-je en savoir plus sur les ressources Eureka Math ?

L'équipe de Great Minds® s'engage à aider les élèves, les familles, et les éducateurs avec une bibliothèque de ressources en constante expansion, disponible sur le site eureka-math.org. Le site Web propose également des histoires de réussite inspirantes survenues dans la communauté *Eureka Math*. Partagez vos idées et vos réalisations avec d'autres utilisateurs en devenant un Champion d'*Eureka Math*.

Meilleurs vœux pour une année remplie de découvertes !

Jill Diniz
Directrice des mathématiques
Great Minds

Le processus Lecture–Dessin–Écriture

Le programme *Eureka Math* aide les élèves à résoudre leurs problèmes en utilisant un processus simple et reproductible, présenté par l'enseignant. Le processus Lecture–Dessin–Écriture (LDE) incite les élèves à

1. Lire le problème.
2. Dessiner et étiqueter.
3. Écrire une équation.
4. Écrire une phrase (énoncé).

Les éducateurs sont encouragés à consolider le processus en interposant des questions telles que

- Que vois-tu ?
- Peux-tu dessiner quelque chose ?
- Quelles conclusions peux-tu tirer de ton dessin ?

Plus les élèves utilisent cette approche systématique et ouverte pour raisonner sur leurs problèmes, plus ils intérioriseront le processus de pensée et l'appliqueront instinctivement au cours des années qui suivent.

Contenu

Module 4 : Mesure d'angle et figures planes

Sujet A : Lignes et angles

Leçon 1 1

Leçon 2 5

Leçon 3 15

Leçon 4 23

Sujet B : Mesure d' (d'angle)angle

Leçon 5 31

Leçon 6 37

Leçon 7 49

Leçon 8 57

Sujet C : Résolution de problèmes avec l'addition de mesures d'angles

Leçon 9 65

Leçon 10 71

Leçon 11 77

Sujet D : Figures bidimensionnelles et symétrie

Lécon 12 83

Leçon 13 93

Leçon 14 107

Leçon 15 113

Leçon 16 119

Nom _____ Date _____

1. Utilise les instructions suivantes pour dessiner une forme dans la case à droite.

    a. Dessine deux points: A et B.

    b. Utilise un règle pour dessiner $\overline{AB}$.

    c. Dessine un nouveau point qui n'est pas sur $\overline{AB}$. Etiquette-le C.

    d. Dessine $\overline{AC}$.

    e. Dessine un point qui n'est pas sur $\overline{AB}$ ou $\overline{AC}$. Appelle-le D.

    f. Construis $\overleftrightarrow{CD}$.

    g. Utilise les points que tu as déjà étiquetés pour nommer un angle. _____

2. Utilise les instructions suivantes pour dessiner une forme dans la case à droite.

    a. Dessine deux points : A et B.

    b. Utilise un bord droit pour dessiner $\overline{AB}$.

    c. Dessine un nouveau point qui n'est pas sur $\overline{AB}$. Marque-le comme C.

    d. Dessine $\overrightarrow{BC}$.

    e. Dessine un point qui n'est pas sur $\overline{AB}$ ou $\overrightarrow{BC}$. Marque-le comme D.

    f. Construis $\overleftrightarrow{AD}$.

    g. Identifie $\angle DAB$ en dessinant un arc pour indiquer le placement de l'angle.

    h. Identifie un autre angle en référençant des points que tu as déjà dessinés. _____

Leçon 1 : Identifier et tracer des points, des lignes, des segments de ligne, des rayons et des angles. Les reconnaître dans divers contextes et formes familières.

3. a. Observe les formes familières ci-dessous. Marque quelques points sur chaque forme.
   b. Utilise ces points pour étiqueter et nommer les représentations de chacun des éléments suivants dans le tableau ci-dessous : rayon, ligne, segment de ligne et angle. Agrandis les segments pour afficher les lignes et les rayons.

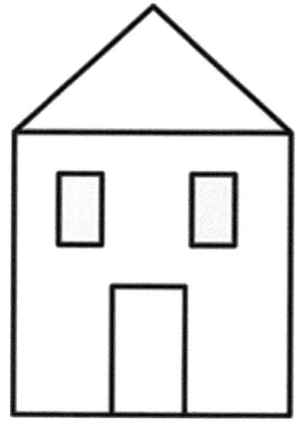 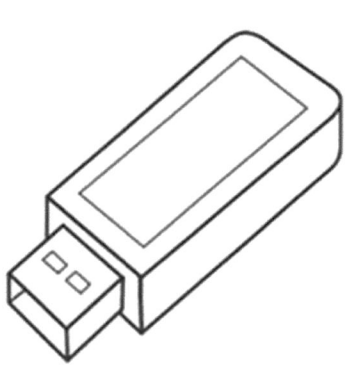 

	Maison	Clé USB	Rose des vents
Rayon			
Ligne			
Segment de ligne			
Angle			

Extension : Fais un dessin d'une forme familière. Étiquette avec des points, puis identifie les rayons, les lignes, les segments de ligne et les angles, si nécessaire.

Nom _____ Date _____

1. Dessine un segment de ligne pour relier le mot à son image.

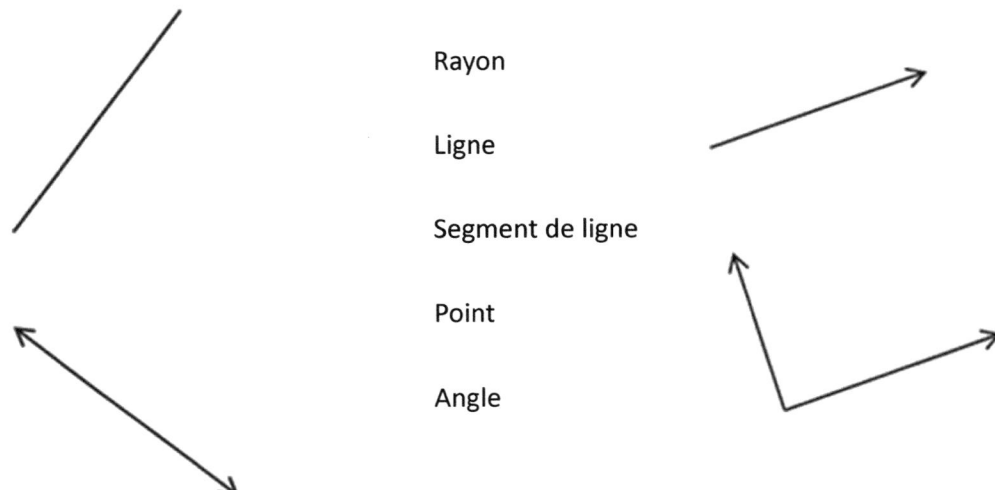

Rayon

Ligne

Segment de ligne

Point

Angle

2. En quoi une ligne est-elle différente d'un segment de ligne ?

1. La Figure 1 a trois points. Relie les points A, B et C avec autant de segments de ligne que possible.
2. La Figure 2 a quatre points. Relie les points D, E, F et G avec autant de segments de ligne que possible.

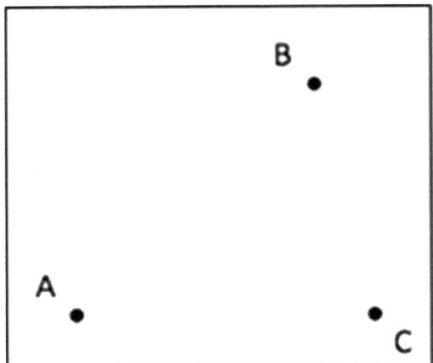

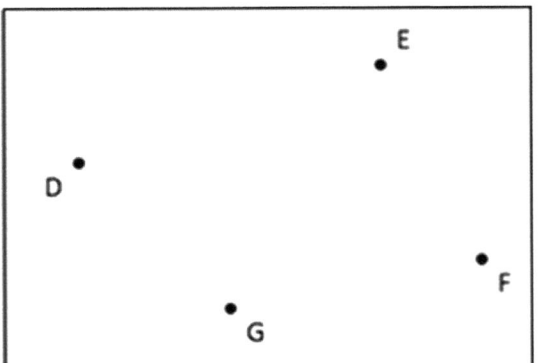

Lire   **Dessiner**   **Écrire**

Leçon 2 : Utilise les angles droits pour déterminer si les angles sont égaux, supérieurs ou inférieurs aux angles droits. Dessiner des angles droits, obtus et aigus.

Nom _____ Date _____

1. Utilise le modèle d'angle droit que tu as fait en classe pour déterminer si chacun des angles suivants est supérieur, inférieur ou égal à un angle droit. Marque chacun d'eux comme *plus grand que, plus petit que* ou *égal,* puis relie chaque angle à l'étiquette correcte, à savoir aigu, droit ou obtus.
Le premier a été fait pour toi.

a.
   Plus petit que

b.

c.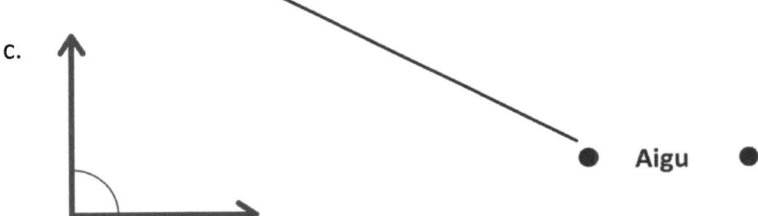

• Aigu •

d.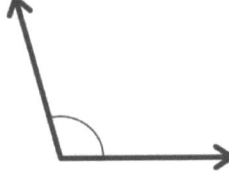

e.

• Droit •

f.

g.

• Obtus •

h.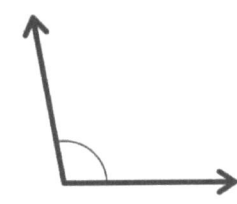

i.

j.

2. Utilise ton modèle d'angle droit pour identifier les angles aigus, obtus et droits dans la peinture de Picasso nommé *L'Usine, Horta de Ebro*. Traces-en au moins deux de chaque, étiquette avec des points, puis nomme-les dans le tableau sous la peinture.

© 2013 Estate of Pablo Picasso / Artists Rights Society (ARS), New York
Photo: Erich Lessing / Art Resource, NY.

Angle aigu		
Angle obtus		
Angle droit		

3. Construis chacun des angles suivants à l'aide d'un bord droit et du modèle d'angle droit que tu as créé. Explique les caractéristiques de chacun en le comparant à un angle droit. Utilise les mots *supérieur à, inférieur à,* ou *égal* à dans ton explication.

   a. Angle aigu

   b. Angle droit

   c. Angle obtus

Nom _____ Date _____

1. Remplis les blancs pour faire des déclarations correctes en utilisant un des mots suivants : *aigu, obstus, droit, plat*.

   a. En classe, nous avons fait un _____ quand nous avons plié un papier deux fois.

   b. Un angle _____ est plus petit qu'un angle droit.

   c. Un angle _____ est plus grand qu'un angle droit, mais plus petit qu'un angle plat.

2. Utilise un modèle d'angle droit pour identifier les angles ci-dessous.

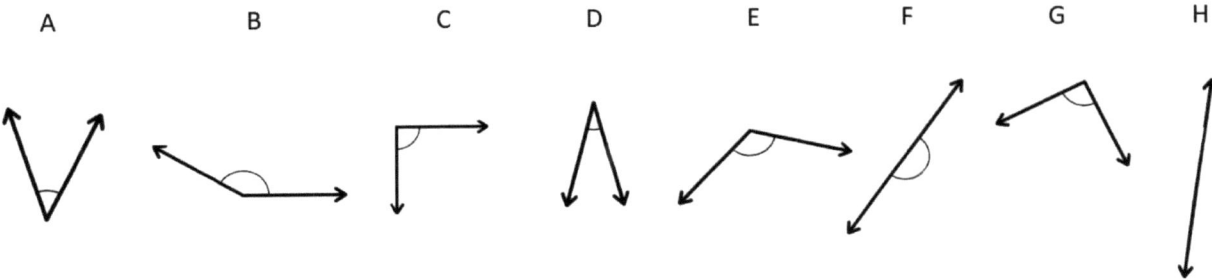

   a. Quels angles sont des angles droits ? _____

   b. Quels angles sont des angles obtus ? _____

   c. Quels angles sont des angles aigus ? _____

   d. Quels angles sont des angles plats ? _____

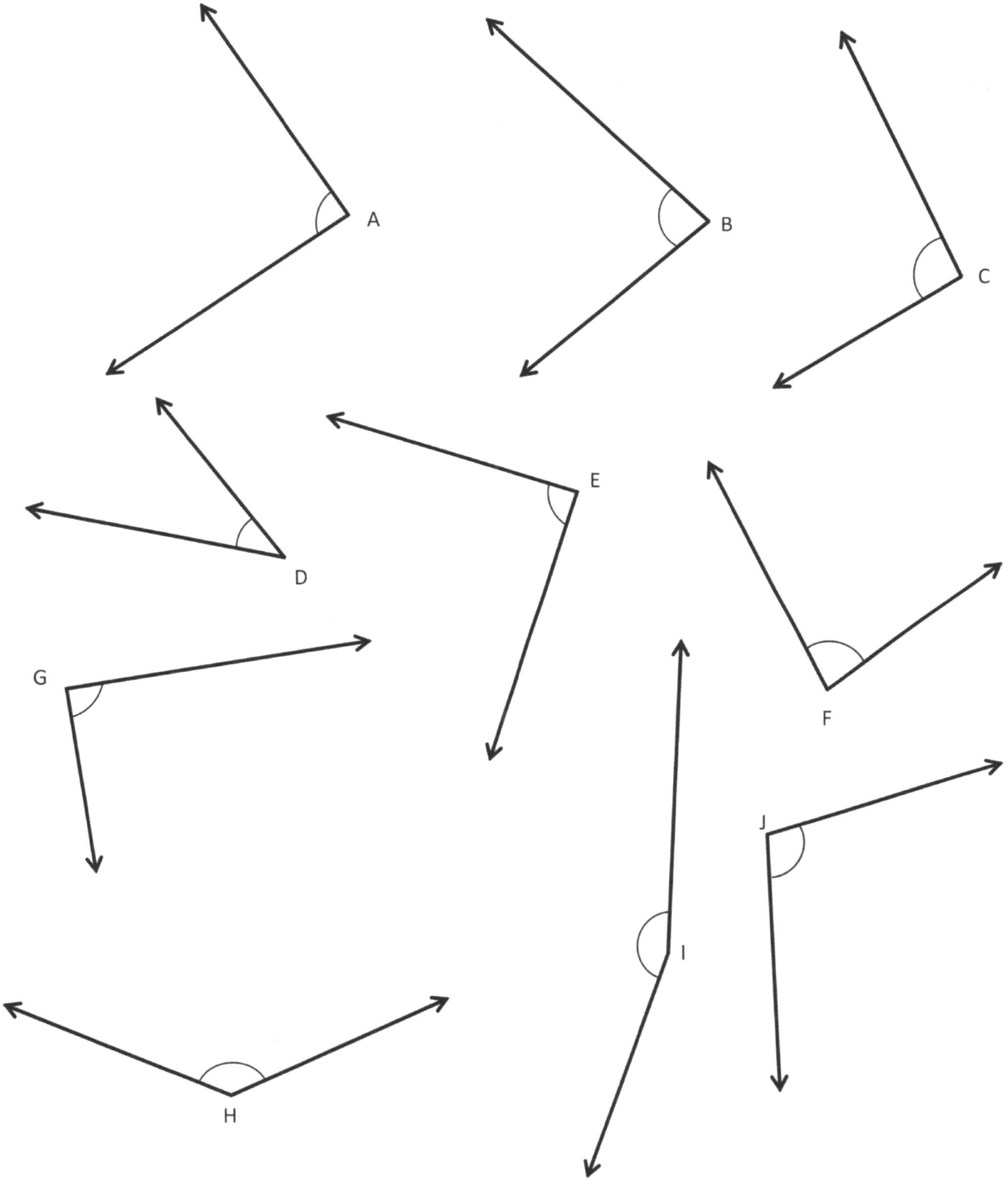

UNE HISTOIRE D'UNITÉS

Leçon 2 Modèle 4•4

_____

angles

Leçon 2 : Utilise les angles droits pour déterminer si les angles sont égaux, supérieurs ou inférieurs aux angles droits. Dessiner des angles droits, obtus et aigus.

a. Estime pour dessiner le point X au milieu de $\overline{AB}$.

b. Estime le point Y au milieu de $\overline{CD}$.

c. Dessine un segment de ligne horizontal nommé XY. Quels mots les segments créent-ils ?

d. Efface le segment XY. Dessine le segment CF. Quels mots les segments créent-ils ?

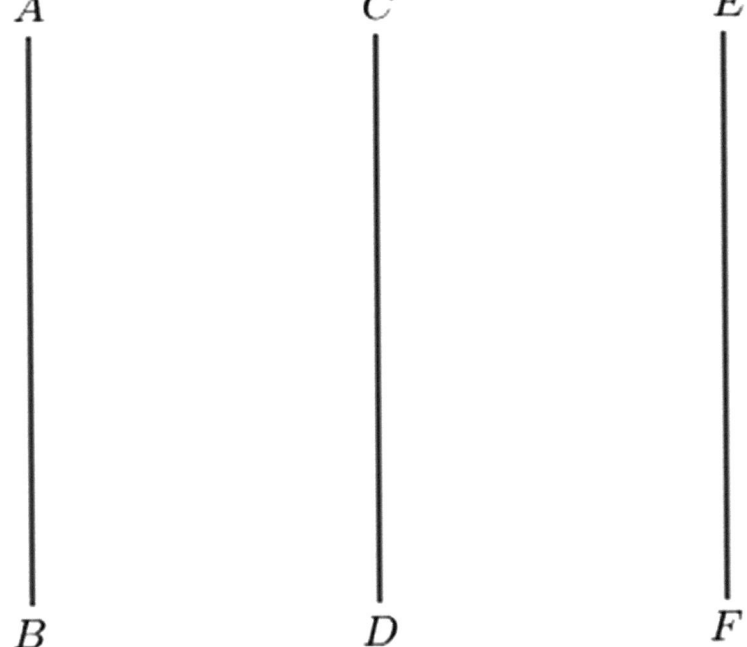

Lire   Dessiner   Écrire

Leçon 3 : Identifier, définir et tracer des lignes perpendiculaires.

Nom _____ Date _____

1. Sur chaque objet, trace au moins une paire de lignes qui semblent perpendiculaires.

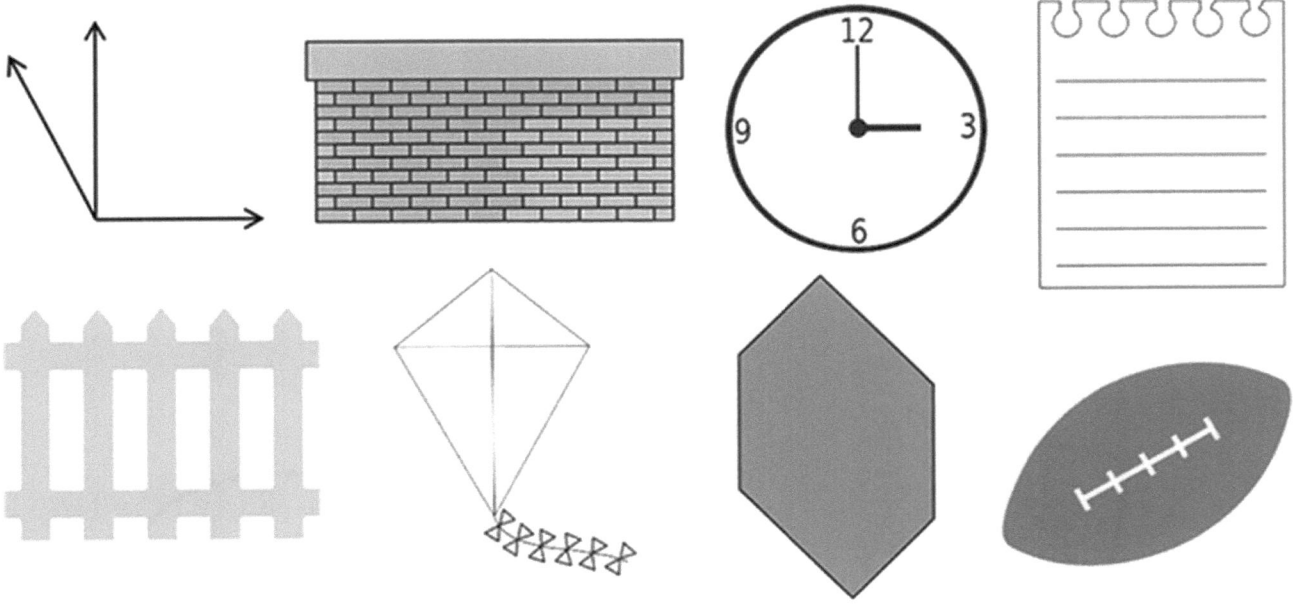

2. Comment peux-tu savoir si deux lignes sont perpendiculaires ?

3. Dans les grilles de triangles et de carrés ci-dessous, utilise les segments donnés dans chaque grille pour dessiner un segment perpendiculaire à l'aide d'une règle.

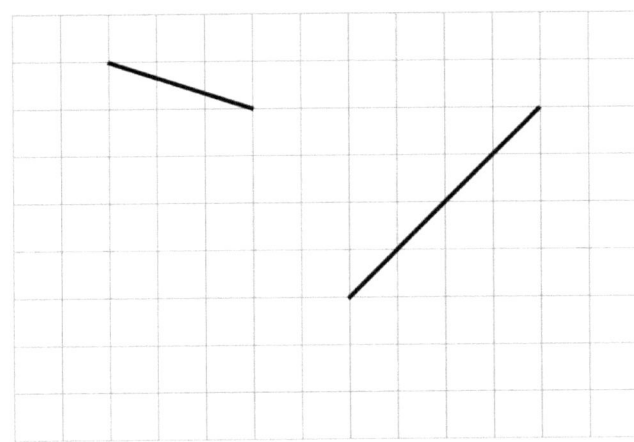 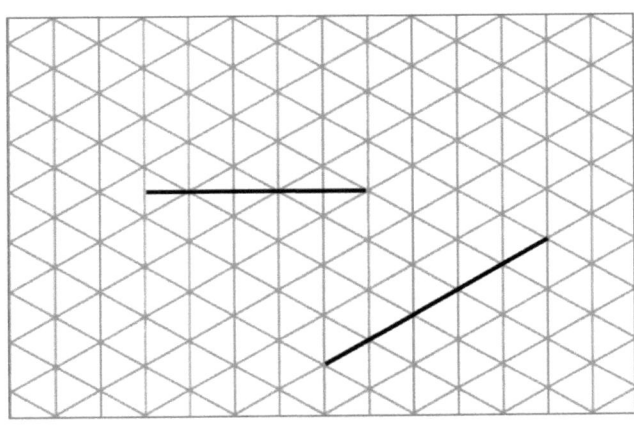

Leçon 3 : Identifier, définir et tracer des lignes perpendiculaires.

4. Utilise le modèle d'angle droit que tu as créé en classe pour déterminer laquelle des formes suivantes a un angle droit. Marque chaque angle droit avec un petit carré. Pour chaque angle droit que tu trouves, nomme la paire correspondante de côtés perpendiculaires. (Le problème 4 (a) a été commencé pour toi.)

a. 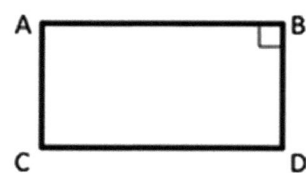 $\overline{AB} \perp \overline{BD}$

b.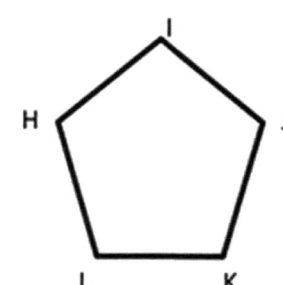

c.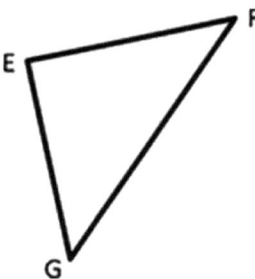

d.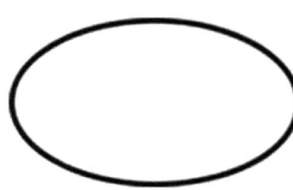

e.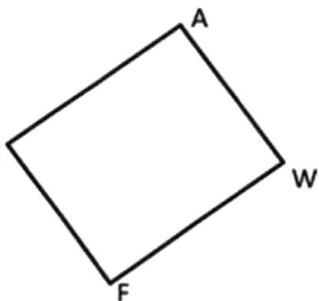

f.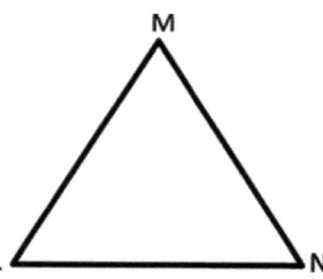

g.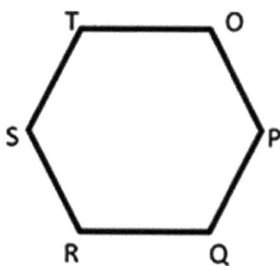

h.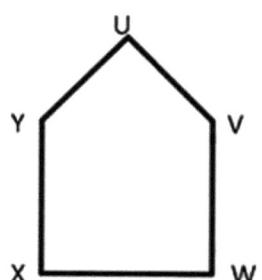

5. Marque chaque angle de la forme suivante avec un petit carré (Remarque : il n'est pas nécessaire qu'un angle droit soit à l'intérieur de la forme.) Combien de paires de côtés perpendiculaires cette forme a-t-elle ?

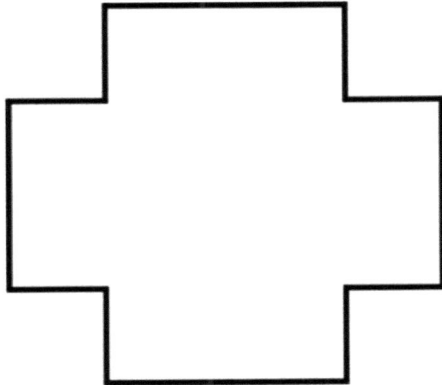

6. Vrai ou faux ? Les formes qui ont au moins un angle droit ont aussi au moins une paire de côtés perpendiculaires. Explique ton raisonnement.

Nom _____ Date _____

Utilise un modèle d'angle droit pour identifier les angles dans les formes suivantes. Marque chaque angle droit avec un petit carré. Ensuite, nomme toutes les paires de côtés perpendiculaires.

1.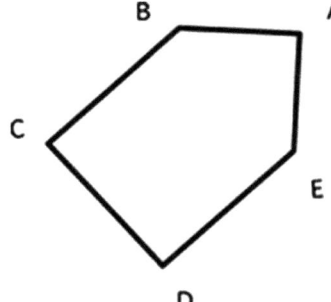

$\overline{BC} \perp$ _____

2.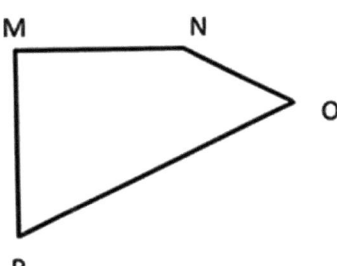

$\overline{MN} \perp$ _____

Leçon 3 : Identifier, définir et tracer des lignes perpendiculaires.

Observe les lettres R, E, A et L.

R E A l

a. Combien de lignes sont perpendiculaires ? Décris-les.

b. Combien d'angles aigus y a-t-il ? Décris-les.

c. Combien d'angles obtus y a-t-il ? Décris-les.

Lire **Dessiner** **Écrire**

Leçon 4 : Identifier, définir et tracer des lignes perpendiculaires.

Nom _____   Date _____

1. Sur chaque objet, trace au moins une paire de lignes qui semblent parallèles.

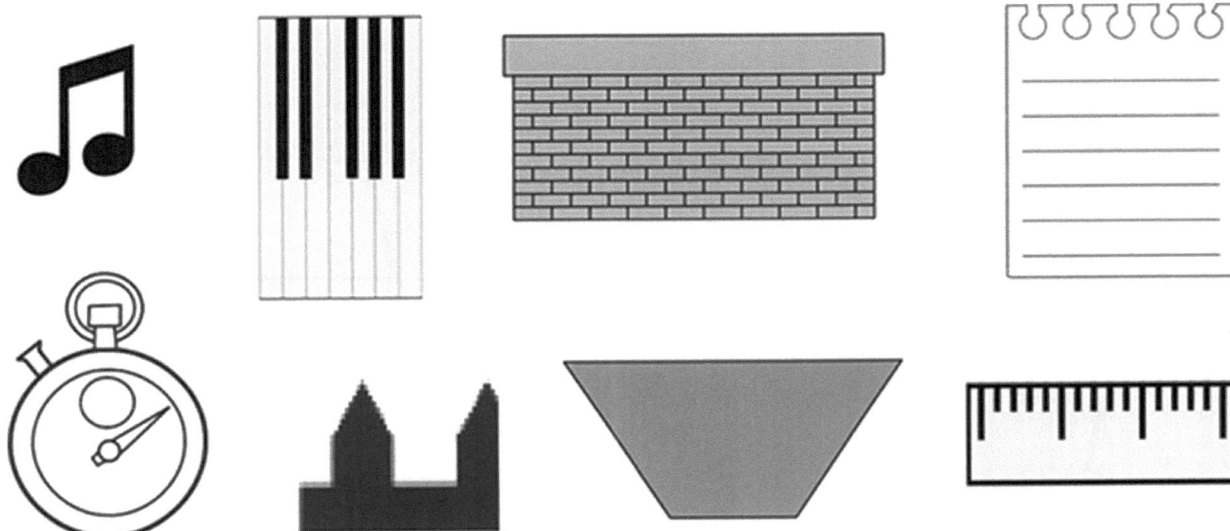

2. Comment peux-tu savoir si deux lignes sont parallèles ?

3. Dans les grilles carrées et triangulaires ci-dessous, utilise les segments donnés dans chaque grille pour dessiner un segment parallèle à l'aide d'un bord droit.

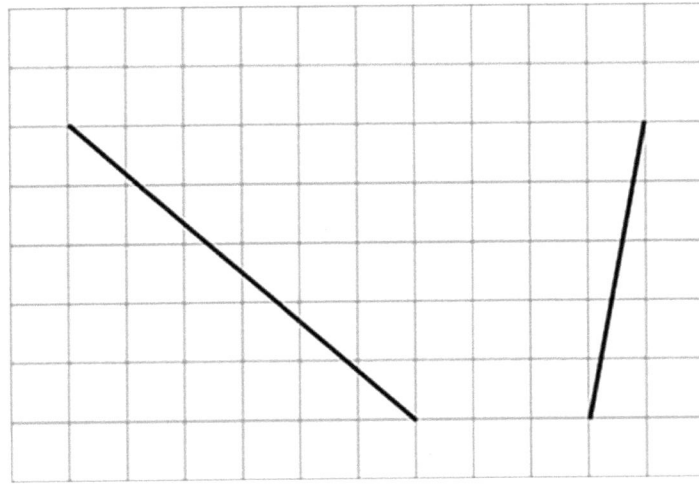 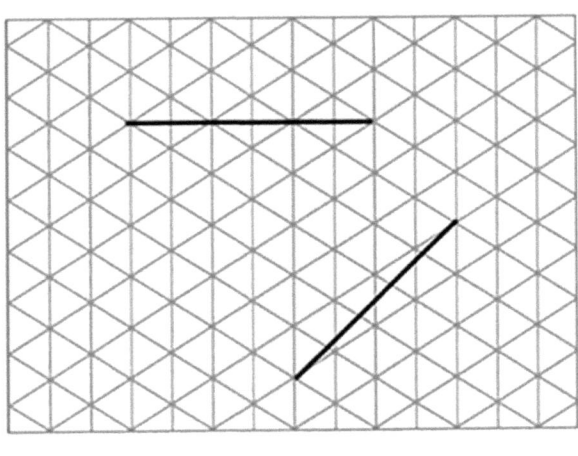

Leçon 4 :   Identifier, définir et tracer des lignes perpendiculaires.

4. Détermine laquelle des formes suivantes a des côtés parallèles à l'aide d'une règle et du modèle d'angle droit que tu as créé. Entoure la lettre des formes qui ont au moins une paire de côtés parallèles. Marque chaque paire de côtés parallèles avec des flèches, puis identifie les côtés parallèles avec une déclaration calqué sur celle dans 4(a).

a.

$\overline{AB} \parallel \overline{CD}$

b.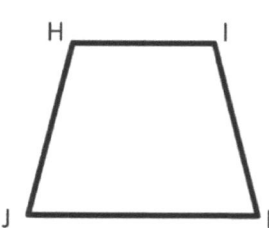

c.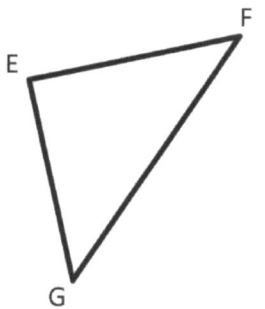

d.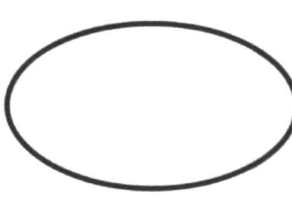

e.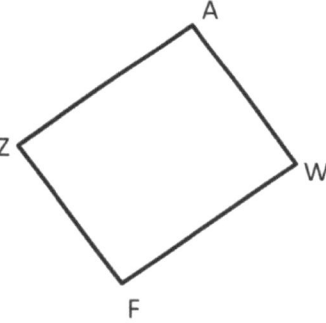

f.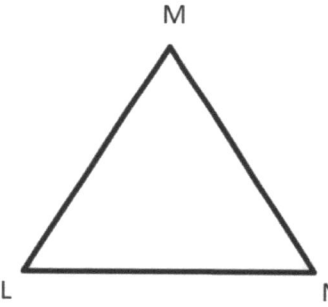

g.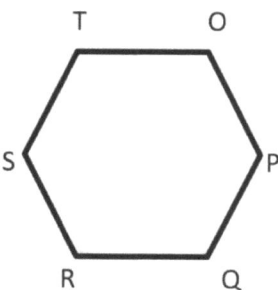

h.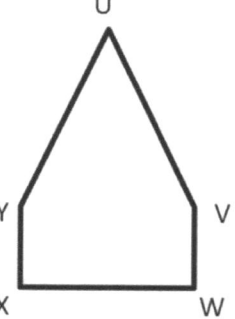

5. Vrai ou faux ? Un triangle ne peut pas avoir des côtés parallèles. Explique ton raisonnement.

6. Explique pourquoi $\overline{AB}$ et $\overline{CD}$ sont parallèles, mais $\overline{EF}$ et $\overline{GH}$ ne le sont pas.

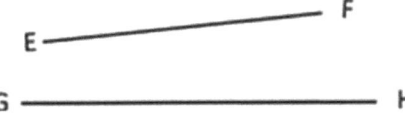

7. Trace une ligne à l'aide de ta règle. Maintenant, utilise ton modèle d'angle droit et ta règle pour construire une ligne parallèle à la première ligne que tu as dessinée.

Nom _____   Date _____

Regarde les paires de lignes suivantes. Identifie si elles sont parallèles, perpendiculaires ou entrecroisées.

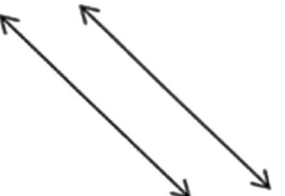

1. _____

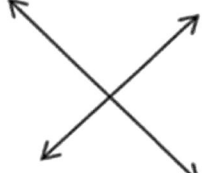

2. _____

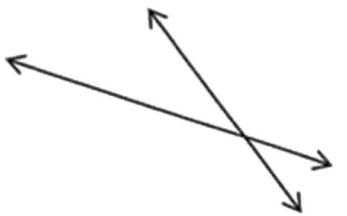

3. _____

4. _____

Place des modèles d'angle droit sur le cercle pour déterminer combien d'angles droits rentrent autour du point central du cercle. (Sans chevauchements.) Combien d'angles droits rentrent ?

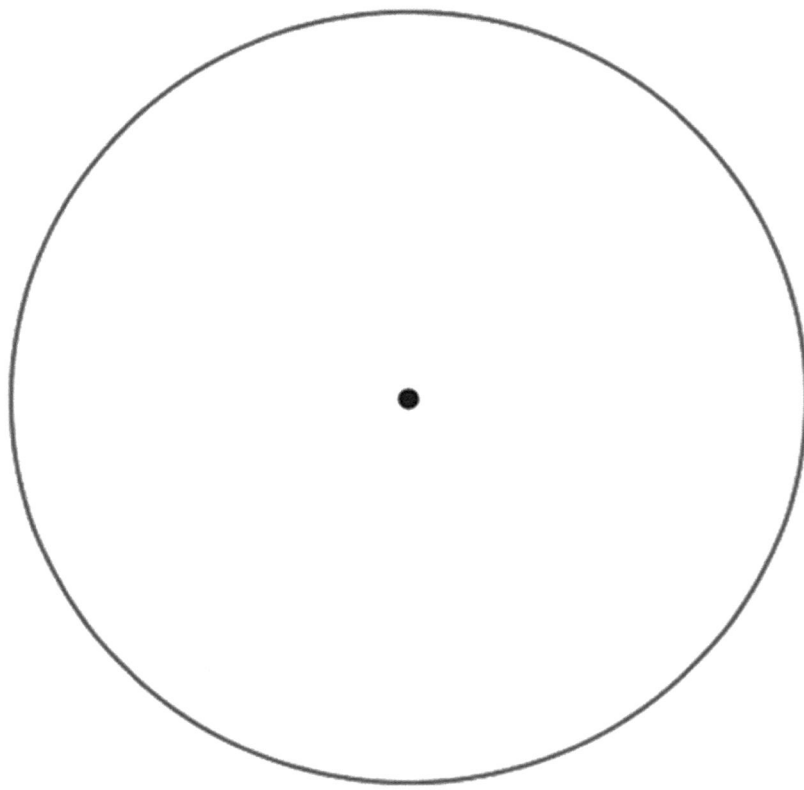

_____

_____

_____

Lire   Dessiner   Écrire

Leçon 5 : Utiliser un rapporteur circulaire pour comprendre un angle de 1 degré en tant que $\frac{1}{360}$ d'un tour. Explorer les angles de référence à l'aide du rapporteur.

Nom _____ Date _____

1. Fais un liste des mesures des nombres repères que tu as dessinés, en commençant par l'Ensemble A. Arrondis chaque mesure d'angle au 5° le plus proche. Les deux ensembles ont été commencés pour toi.

   a. Ensemble A : 45°, 90°,

   b. Ensemble B : 30°, 60°,

2. Entoure toutes les mesures qui figurent dans les deux listes. Que remarques-tu à propos d'elles ?

3. Énumère les mesures d'angle du Problème 1 qui sont aigües. Trace chaque angle avec ton doigt en disant sa mesure.

4. Énumère les mesures d'angle du Problème 1 qui sont obtuses. Trace chaque angle avec ton doigt en disant sa mesure.

5. Aujourd'hui, nous avons découvert que 1° fait $\frac{1}{360}$ d'un tour entier. C'est 1 sur 360°. Cela veut dire qu'un angle de 2° est $\frac{2}{360}$ d'un tour entier. Quelle fraction d'un tour entier est chacun des angles repères que tu as énumérés dans le Problème 1 ?

6. Combien d'angles de 45° faut-il pour faire un tour entier ?

7. Combien d'angles de 30° faut-il pour faire un tour entier ?

8. Si tu n'avais pas de rapporteur, comment pourrais-tu en reconstruire un quart de 0° jusqu'à 90° ?

Nom _____ Date _____

1. Combien d'angles droits font un tour entier ?

2. Quelle est la mesure d'un angle droit ?

3. Quelle fraction d'un tour entier est 1° ?

4. Cite au moins quatre mesures d'angles repères.

Leçon 6 Problème d'application 4•4

Découpe les cercles du modèle sur la page suivante. Plie le Cercle A et le Cercle B comme pour faire un modèle d'angle droit. Trace les lignes pliées perpendiculaires. Combien d'angles droits vois-tu au centre de chaque cercle ? La taille du cercle était-elle importante ?

Lire   Dessiner   Écrire

Leçon 6 : Utiliser des rapporteurs variés pour distinguer les mesures d'angle des mesures de longueur.

Leçon 6 Problème d'application 4•4

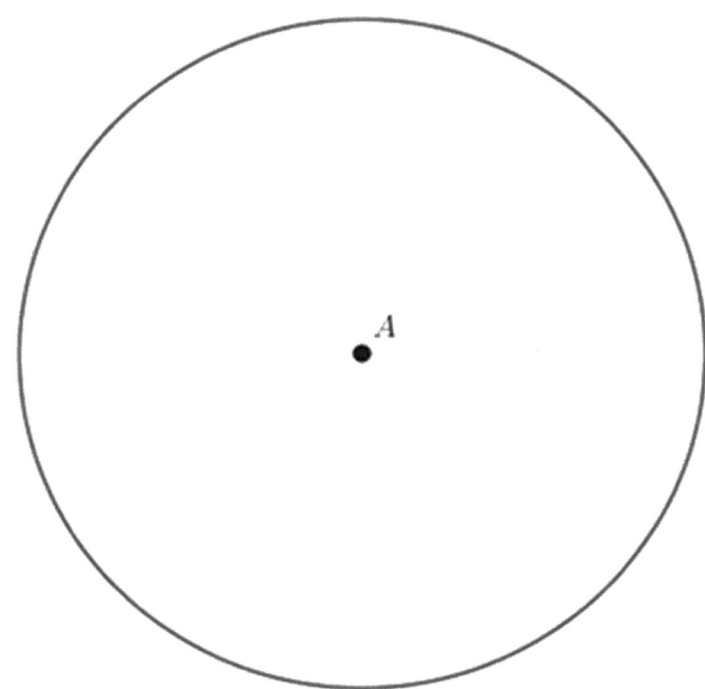
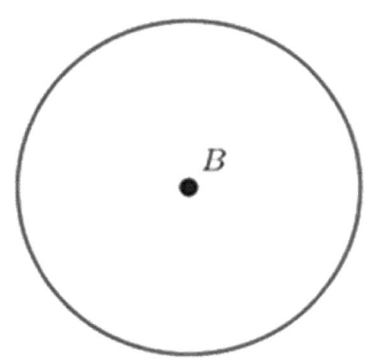

Lire   **Dessiner**   **Écrire**

Leçon 6 : Utiliser des rapporteurs variés pour distinguer les mesures d'angle des mesures de longueur.

Nom _____ Date _____

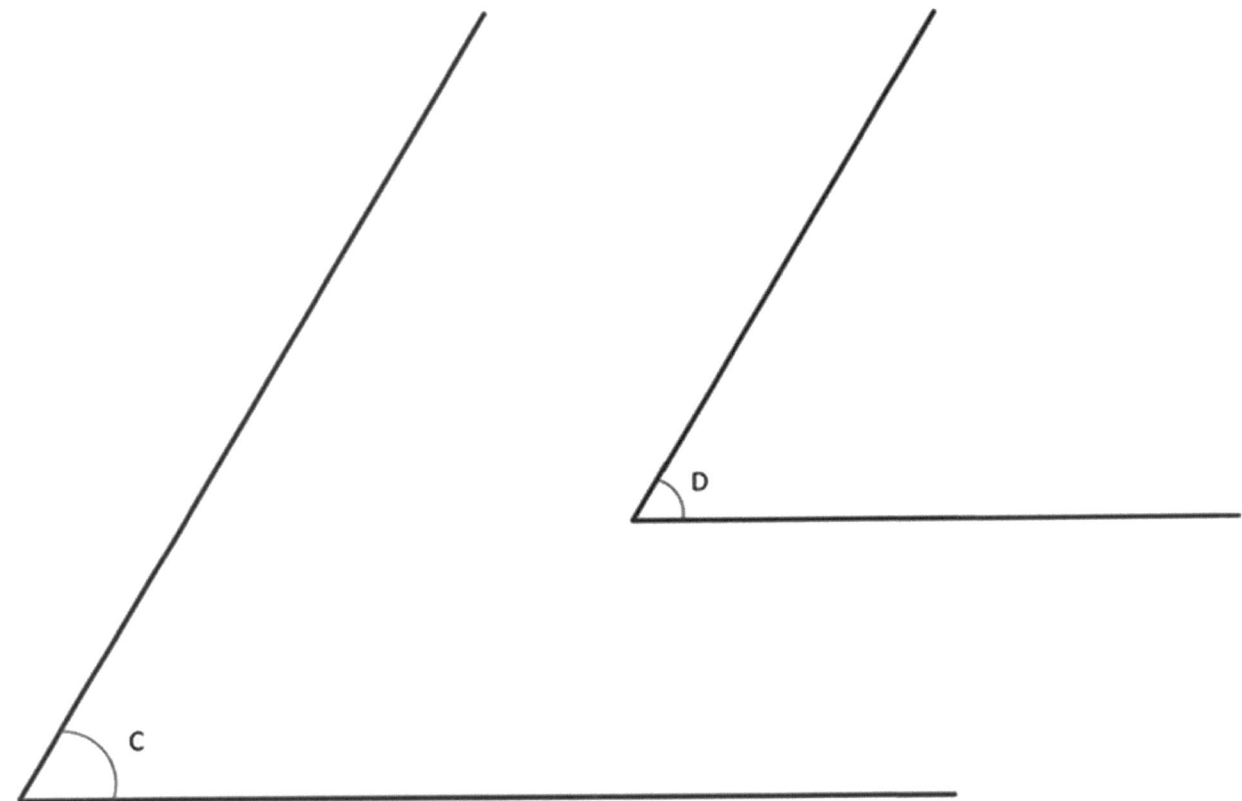

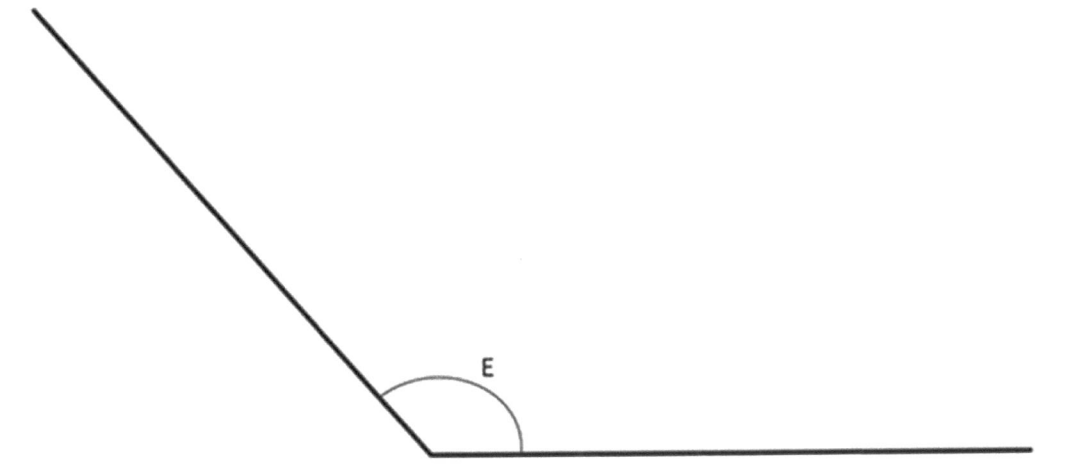

Leçon 6 : Utiliser des rapporteurs variés pour distinguer les mesures d'angle des mesures de longueur.

Nom _____ Date _____

1. Utilise un rapporteur pour mesurer les angles, puis enregistre les mesures en degrés.

   a.

   b.

   c.

   d.

Leçon 6 : Utiliser des rapporteurs variés pour distinguer les mesures d'angle des mesures de longueur.

e.

f.

g.

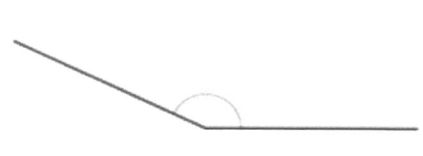

h.

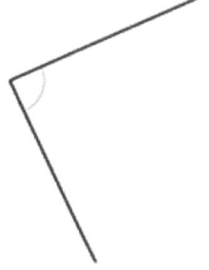

i.

j.

2. a. Utilise trois rapporteurs de tailles différentes pour mesurer l'angle. Rallonge les lignes au besoin avec un bord droit.

   Rapporteur No. 1 : _____ °

   Rapporteur No. 2 : _____ °

   Rapporteur No. 3 : _____ °

   b. Que remarques-tu à propos de la mesure de l'angle ci-dessus à l'aide de chacun des rapporteurs ?

3. Utilise un rapporteur pour mesurer chaque angle. Prolonge la longueur des segments au besoin. Lorsque tu agrandis les segments, la mesure de l'angle reste-t-elle la même ? Explique comment tu le sais.

   a.

   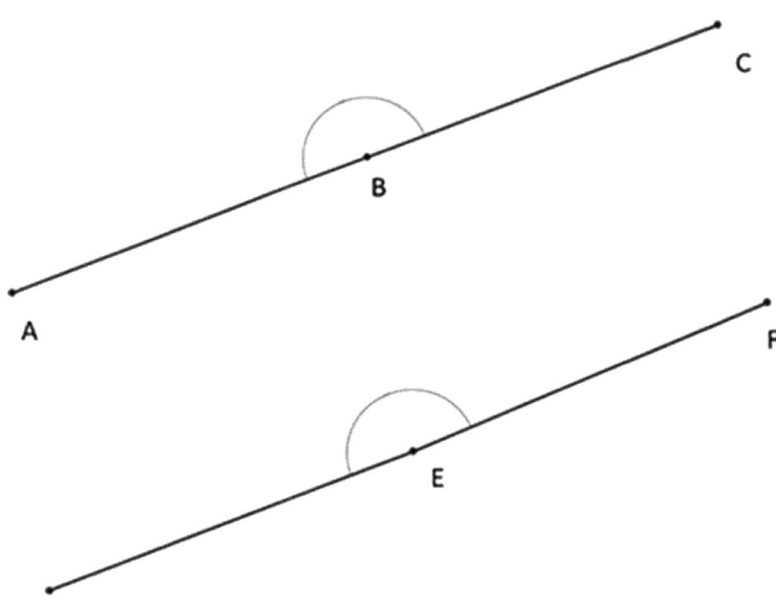

   b.

Nom _____ Date _____

Utilise n'importe quel rapporteur pour mesurer les angles, plus note les mesures en degrés.

1.

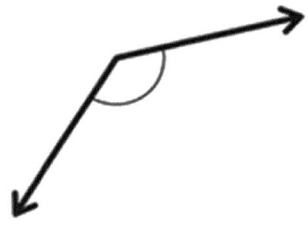

2.

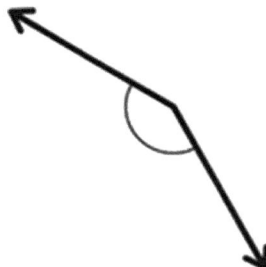

3.

4.

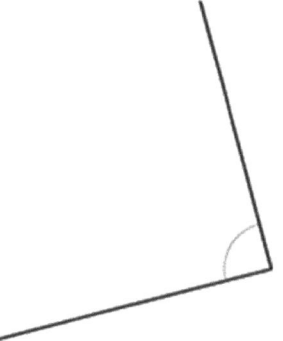

Prédis la mesure de ∠XYZ à l'aide de ton modèle d'angle droit. Ensuite, trouve la mesure réelle de ∠XYZ à l'aide d'un rapporteur circulaire et un rapporteur de 180°.

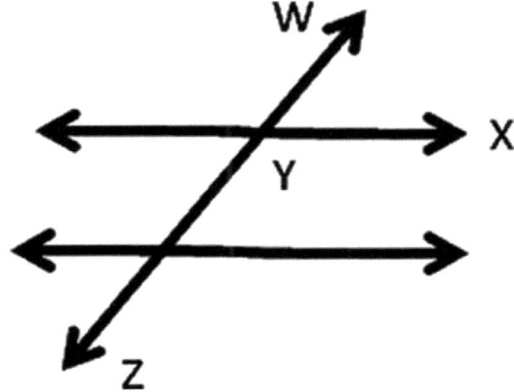

Nom _____ Date _____

Figure 1

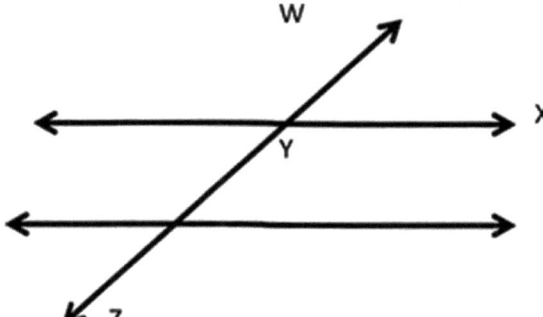

Figure 2

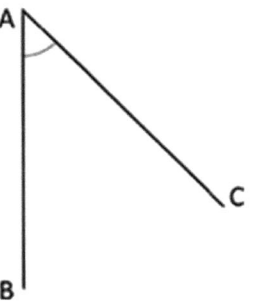

Figure 3

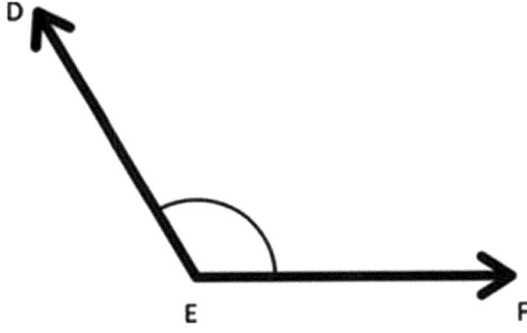

Figure 4

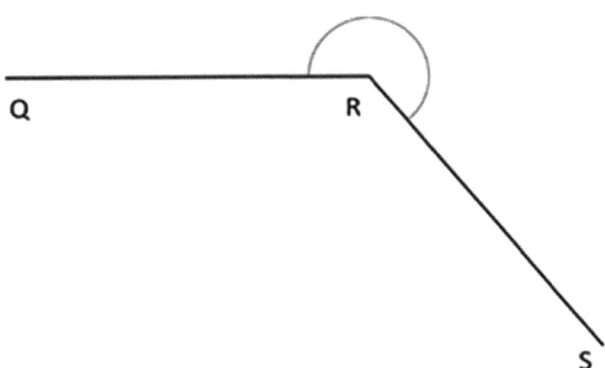

Nom _____   Date _____

Construis des angles qui mesurent le nombre de degrés donné. Pour les problèmes 1 à 4, utilise le rayon indiqué comme l'un des rayons de l'angle avec son extrémité comme sommet de l'angle. Dessine un arc pour indiquer l'angle mesuré.

1. 30°

2. 65°

3. 115°

4. 135°

   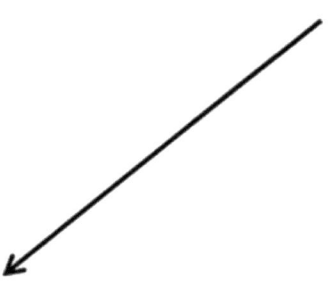

Leçon 7 : Mesurer et dessiner des angles. Esquisser des mesures d'angle données et vérifier à l'aide d'un rapporteur.

5. 5°

6. 175°

7. 27°

8. 117°

9. 48°

10. 132°

Nom _____ Date _____

Construis des angles qui mesurent le nombre de degrés donné. Dessine un arc pour indiquer l'angle mesuré.

1. 75°

2. 105°

3. 81°

4. 99°

Leçon 7 : Mesurer et dessiner des angles. Esquisser des mesures d'angle données et vérifier à l'aide d'un rapporteur.

Leçon 8 Problème d'application 4•4

Dessine une série d'horloges qui affichent 12:00, 3:00, 6:00 et 9:00. Utilise un arc pour identifier un angle et estimer l'angle créé par les deux aiguilles de l'horloge.

Lire   **Dessiner**   **Écrire**

Leçon 8 : Identifier et mesurer les angles comme des tours et les reconnaître dans divers contextes.

Nom _____ Date _____

1. Joe, Steve et Bob se tenaient au centre du jardin et faisaient face à la maison. Joe s'est tourné de 90° vers la droite. Steve s'est tourné de 180° vers la droite. Bob s'est tourné de 270° vers la droite. Note l'objet auquel que chaque garçon fait face désormais.

   Joe _____

   Steve _____

   Bob _____

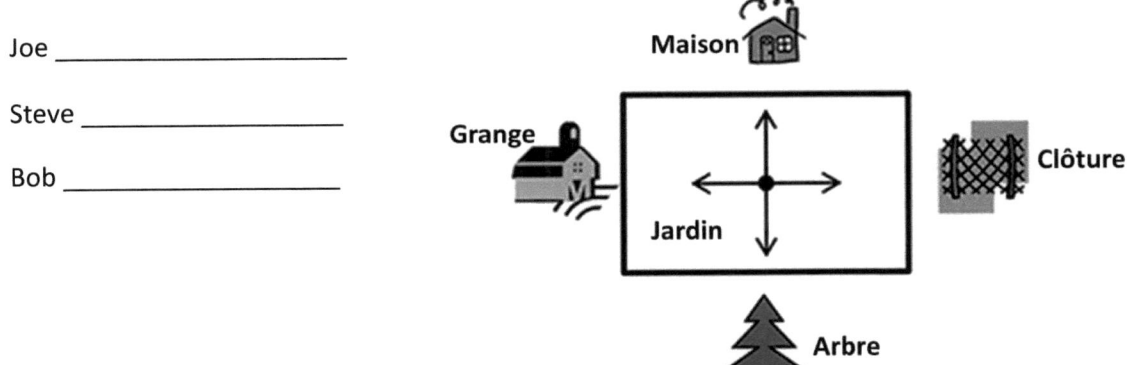

2. Monique a regardé l'horloge au début et à la fin du cours. De combien de degrés l'aiguille des minutes a-t-elle tourné du début à la fin du cours ?

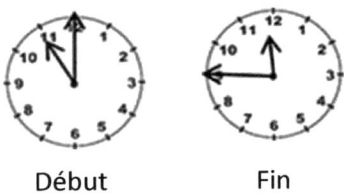

   Début   Fin

3. Le skateur a sauté en l'air et a fait un 360. Qu'est-ce que cela veut dire ?

4. M. Martin s'est éloigné de sa maison en voiture sans son portefeuille. Il a fait un virage de 180°. Où se dirige-t-il maintenant ?

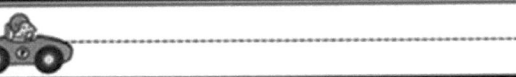

Maison

Magasin

Leçon 8 : Identifier et mesurer les angles comme des tours et les reconnaître dans divers contextes.

5. John a tourné le bouton de la douche de 270° vers la droite. Fais un dessin montrant la position du bouton après l'avoir tourné.

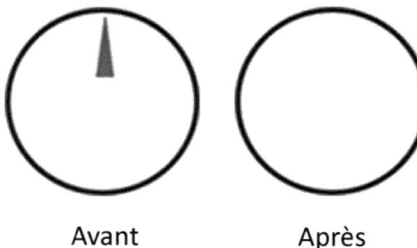

Avant   Après

6. Barb a utilisé ses ciseaux pour découper un bon d'achat du journal. De combien de quarts de tour le journal doit-il être tourné afin de rester sur les lignes ?

7. De combien de quarts de tour l'image doit-elle être tournée pour qu'elle soit droite ?

8. Meredith faisait face au nord. Elle s'est tourné de 90° vers la droite, puis 180° de plus. Dans quelle direction fait-elle maintenant face ?

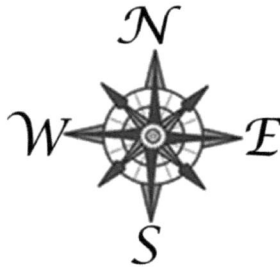

Nom _____   Date _____

1. Marty faisait un équilibre sur les mains. De combien de degrés son corps va-t-il tourner pour retrouver sa position verticale ?

2. Jeffrey a commencé à faire du vélo au 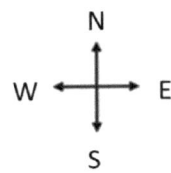. Il a parcouru 3 blocs vers le nord, puis a tourné de 90° vers la droite et a parcouru 2 blocs. Dans quelle direction se dirigeait-il ? Dessine sa route sur la grille ci-dessous. Chaque unité carrée représente 1 bloc.

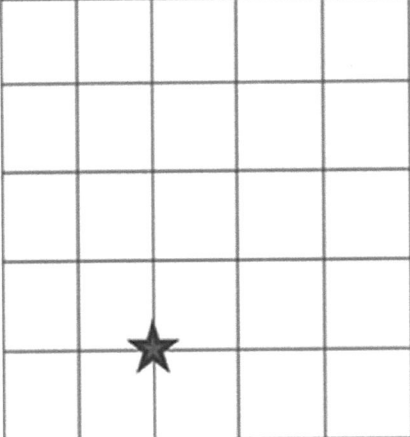

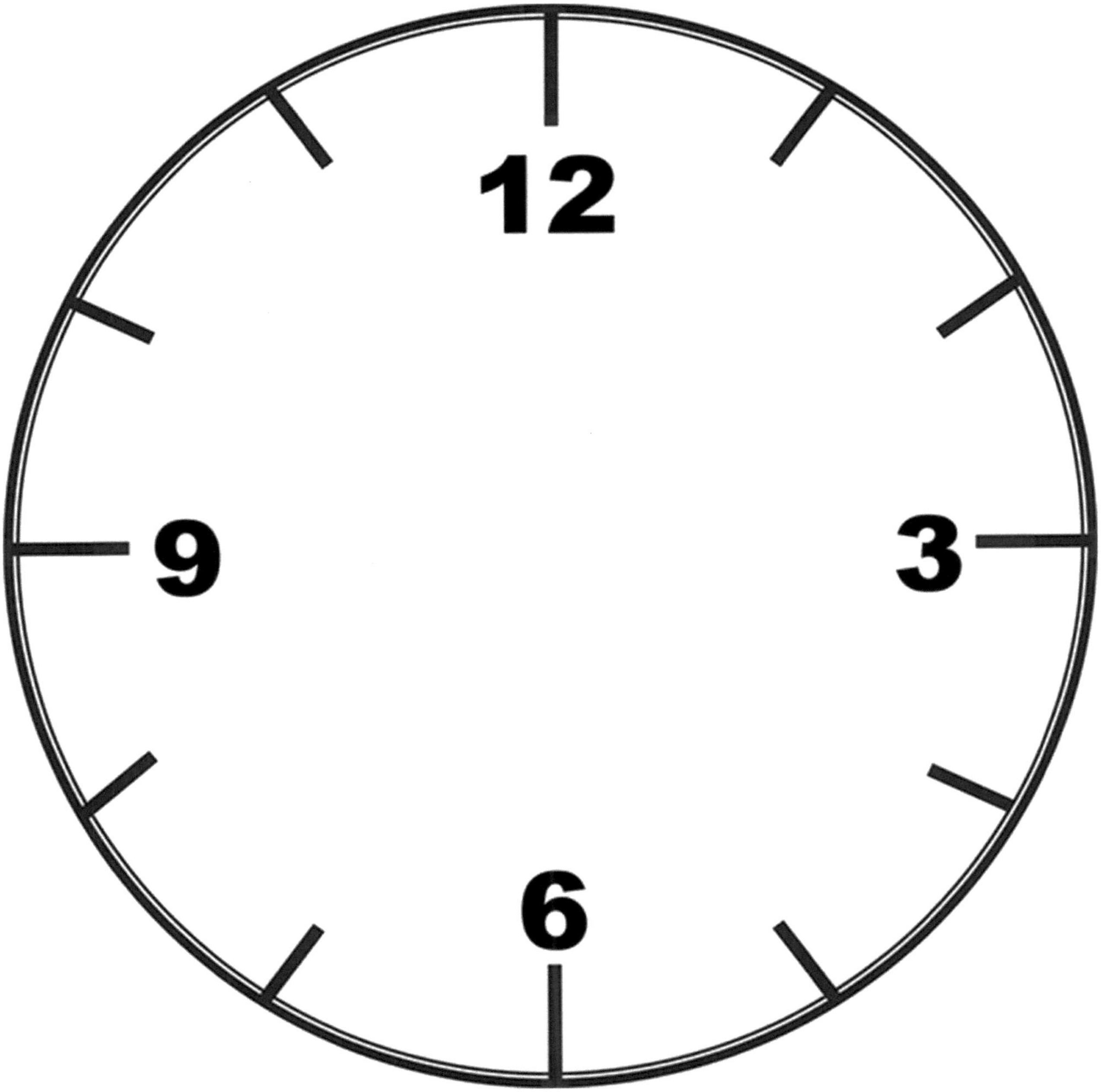

horloge

Énumère des heures sur l'horloge où l'angle entre les aiguilles des heures et des minutes est de 90°. Vérifie ton travail à l'aide d'un rapporteur.

Méfie-toi de cette idée fausse : pourquoi les aiguilles ne forment-ils pas un angle de 90° à 3:30 comme on s'y attendait ?

_____

_____

_____

Lire   Dessiner   Écrire

Leçon 9 :   Décomposer les angles à l'aide de blocs de motifs.

Nom _____ Date _____

1. Remplis le tableau.

Bloc de motif	Nombre total qui peuvent être mis autour du sommet	Un angle intérieur mesure…	Somme des angles autour d'un sommet
a. (carré)		360° ÷ ____ = ____	____ + ____ + ____ + ____ = 360°
b. (triangle)			
c. (hexagone)			____ + ____ + ____ = 360°
d. (Angle aigu)			
e. (Angle obtus)			
f. (Angle aigu)			

Leçon 9 : Décomposer les angles à l'aide de blocs de motifs.

2. Trouve les mesures des angles indiqués par les arcs.

Blocs de motif	Mesure de l'angle	Phrase d'addition
a.		
b.		
c.		

3. Utilise deux blocs de motif ou plus pour déterminer la mesure des angles indiqués par les arcs.

Blocs de motif	Mesure de l'angle	Phrase d'addition
a.		
b.		
c.		

Leçon 9 : Décomposer les angles à l'aide de blocs de motifs.

Nom _____   Date _____

1. Décris et dessine deux combinaisons du bloc de motif en losange bleu qui créent un angle plat.

2. Décris et dessine deux combinaisons du bloc de motif en triangle vert et hexagone jaune qui créent un angle plat.

Leçon 9 : Décomposer les angles à l'aide de blocs de motifs.

En utilisant des blocs de motif de la même forme ou de différentes formes, construis un angle plat. Quelles formes as-tu utilisées ? Quel bloc de motif peux-tu ajouter à ta forme actuelle pour créer un angle de 270° ? Comment le sais-tu ?

Lire   Dessiner   Écrire

Leçon 10 : Utiliser l'addition de mesures d'angle adjacentes pour résoudre des problèmes en utilisant un symbole pour la mesure d'angle inconnue.

Nom _____ Date _____

Écris une équation et résous pour la mesure de ∠x. Vérifie la mesure à l'aide d'un rapporteur.

1. ∠CBA est un angle droit.

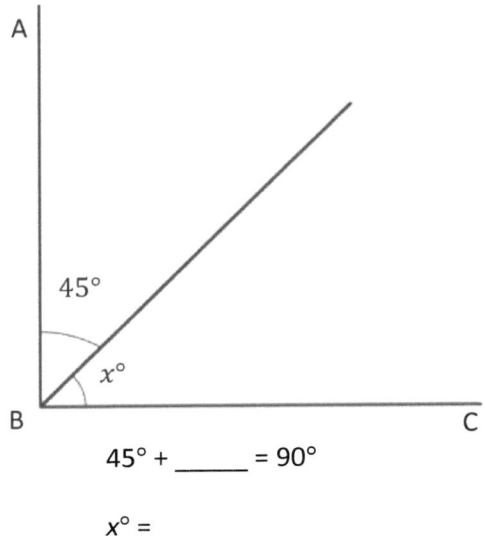

45° + _____ = 90°

x° = _____

2. ∠GFE est un angle droit.

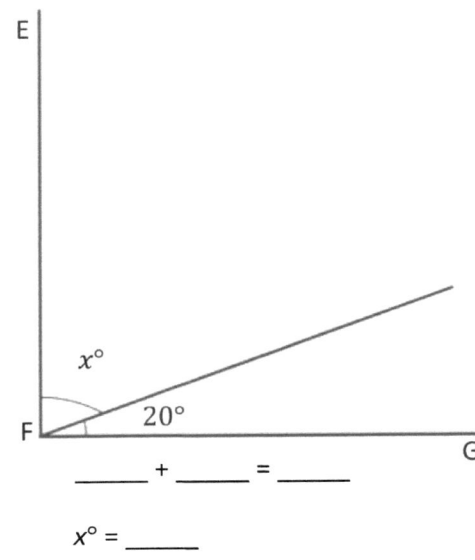

_____ + _____ = _____

x° = _____

3. ∠IJK est un angle plat.

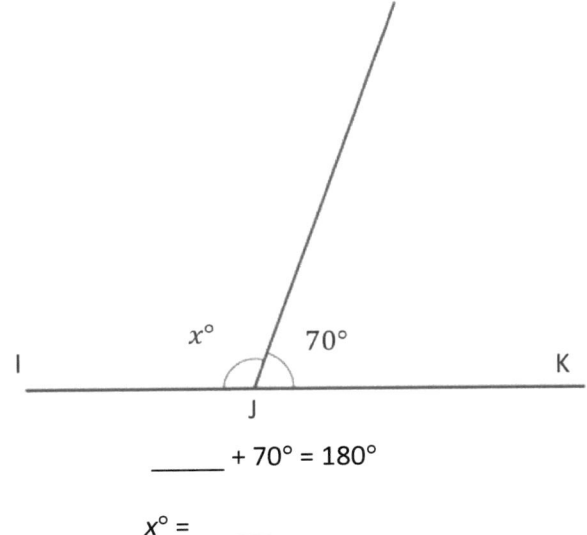

_____ + 70° = 180°

x° = _____

4. ∠MNO est un angle plat.

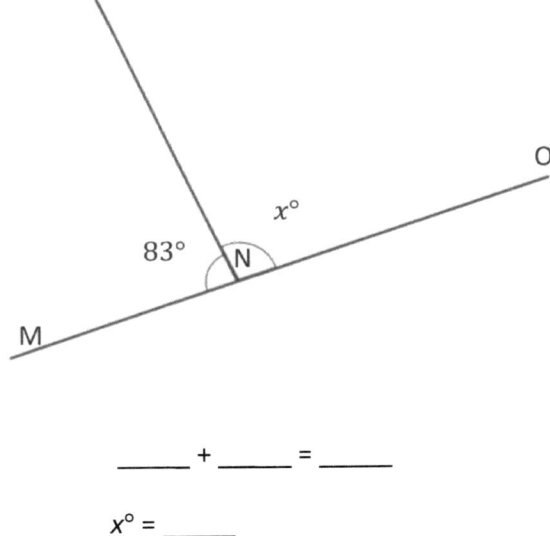

_____ + _____ = _____

x° = _____

Résous pour les mesures d'angle inconnues. Écris une équation pour résoudre.

5. Résous pour la mesure de ∠TRU.
   ∠QRS est un angle plat.

6. Résous pour la mesure de ∠ZYV.
   ∠XYZ est un angle plat.

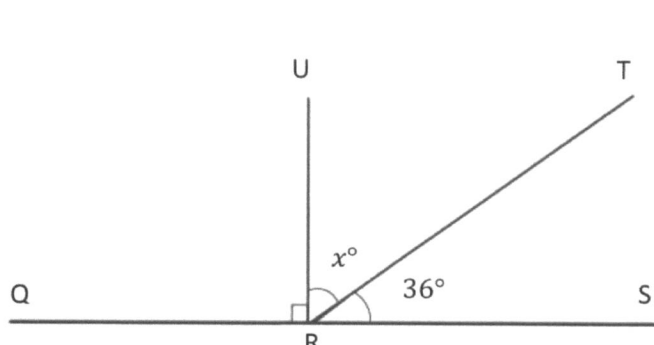

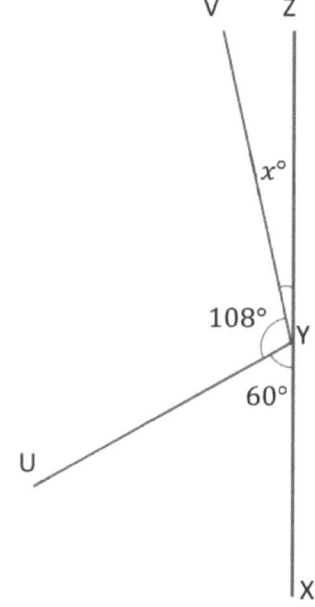

7. Dans la figure suivante, $ACDE$ est un rectangle. Sans utiliser un rapporteur, détermine la mesure de ∠DEB. Écris une équation qui pourrait être utilisée pour résoudre le problème.

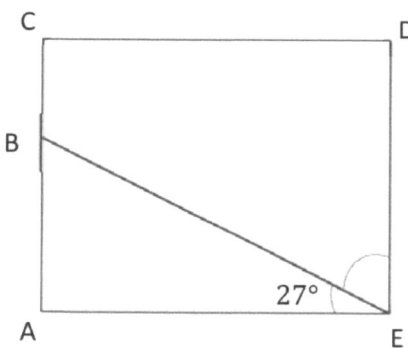

8. Suis les instructions ci-dessous dans l'espace à droite.

   a. Marque deux points : M et N. À l'aide d'une règle, dessine $\overleftrightarrow{MN}$.
   b. Place un point O quelque part entre les points M et N.
   c. Place un point P, qui n'est pas sur $\overleftrightarrow{MN}$.
   d. Dessine $\overline{OP}$.
   e. Trouve la mesure de ∠MOP et ∠NOP.
   f. Écrire une équation pour montrer que les angles s'ajoutent à la mesure d'un angle plat.

Nom _____ Date _____

Écris une équation et résous pour x. $\angle TUV$ est un angle plat.

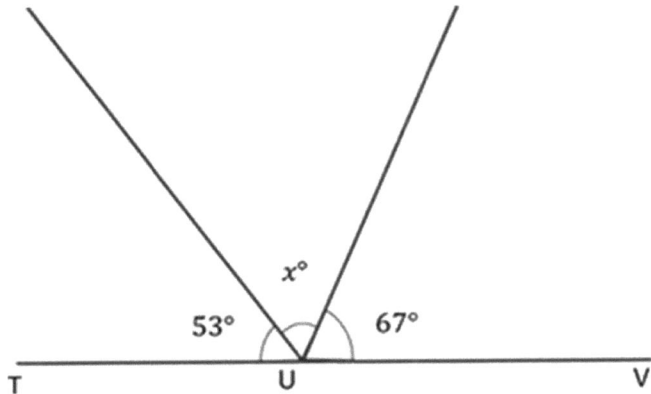

Équation: _____

$x° =$ _____

Utilise des blocs de motif de divers types pour créer un motif qui contient une décomposition de 360°. Quelles formes as-tu utilisées ? Écris une équation pour montrer comment tu as composé 360°.

Lire   Dessiner   Écrire

Leçon 11 : Utiliser l'addition de mesures d'angle adjacentes pour résoudre des problèmes en utilisant un symbole pour la mesure d'angle inconnue.

Nom _____ Date _____

Écris une équation et résous numériquement les mesures inconnues de l'angle.

1.

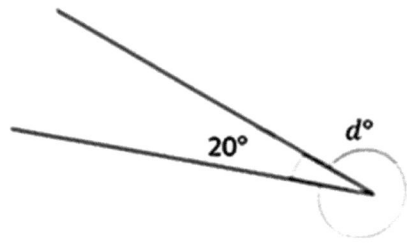

_____° + 20° = 360°

$d°$ = _____°

2.

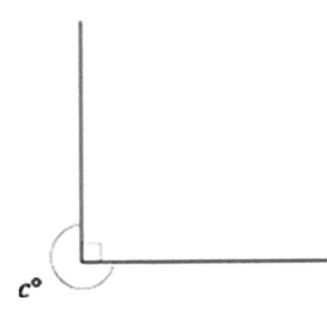

_____° + _____° = 360°

$c°$ = _____°

3.

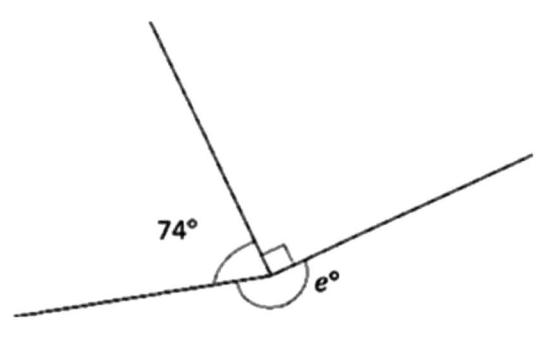

_____° + _____° + _____° = _____°

$e°$ = _____°

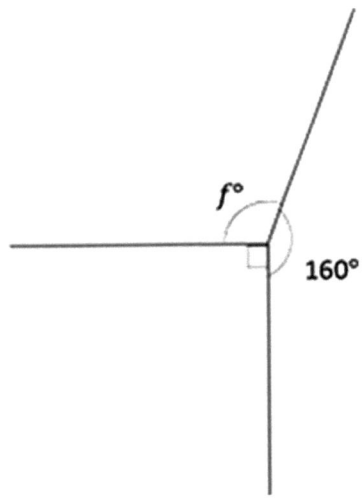

_____° + _____° + _____° = _____°

$f°$ = _____°

Leçon 11 Série de problèmes 4•4

Écris une équation et résous numériquement les mesures des angles inconnues.

5. O est l'intersection de $\overline{AB}$ et de $\overline{CD}$.
∠DOA est 160° et ∠AOC est 20°.

$x°$ = _____ $y°$ = _____

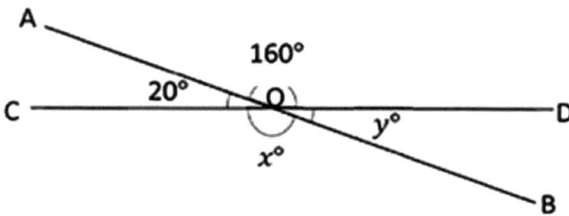

6. O est l'intersection de $\overline{RS}$ et $\overline{TV}$.
∠TOS est 125°

$g°$ = _____ $h°$ = _____ $i°$ = _____

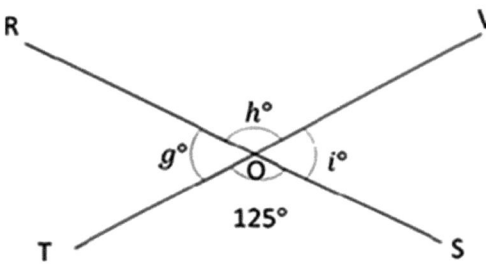

7. O est l'intersection de $\overline{WX}$, $\overline{YZ}$, et $\overline{UO}$.
∠XOZ est 36°

$k°$ = _____ $m°$ = _____ $n°$ = _____

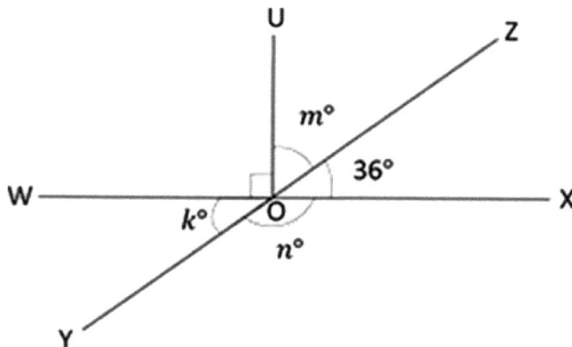

Nom _____ Date _____

Écrire des équations en utilisant des variables pour représenter des mesures d'angle inconnues. Trouve numériquement les mesures d'angle inconnues.

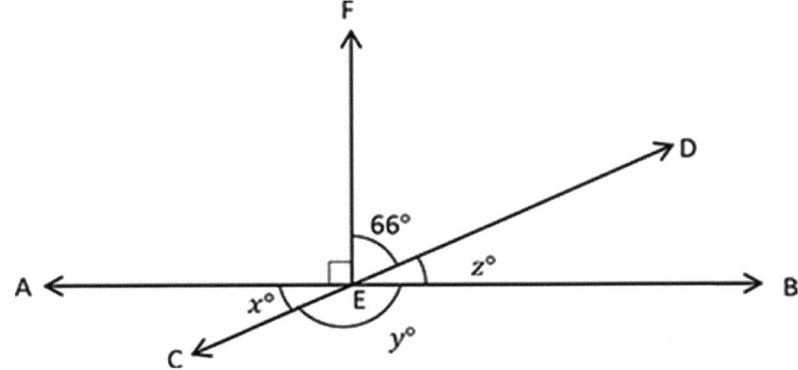

1. $x° =$

2. $y° =$

3. $z° =$

Leçon 12 Problème d'application 4•4

Coupe le long de la ligne pointillée dans le modèle sur la page suivante et déplie la figure. Remarque que les côtés de la ligne pliée sont identiques. Plie-la d'une autre façon et vois si les côtés sont identiques. Observe les attributs de la figure et écris un résumé de tes observations.

_____

_____

_____

_____

_____

_____

_____

_____

_____

_____

Lire   Dessiner   Écrire

Leçon 12 : Reconnaître les lignes de symétrie pour des formes bidimensionnelles données. Identifier les formes à symétrie linéaire et tracer des lignes de symétrie.

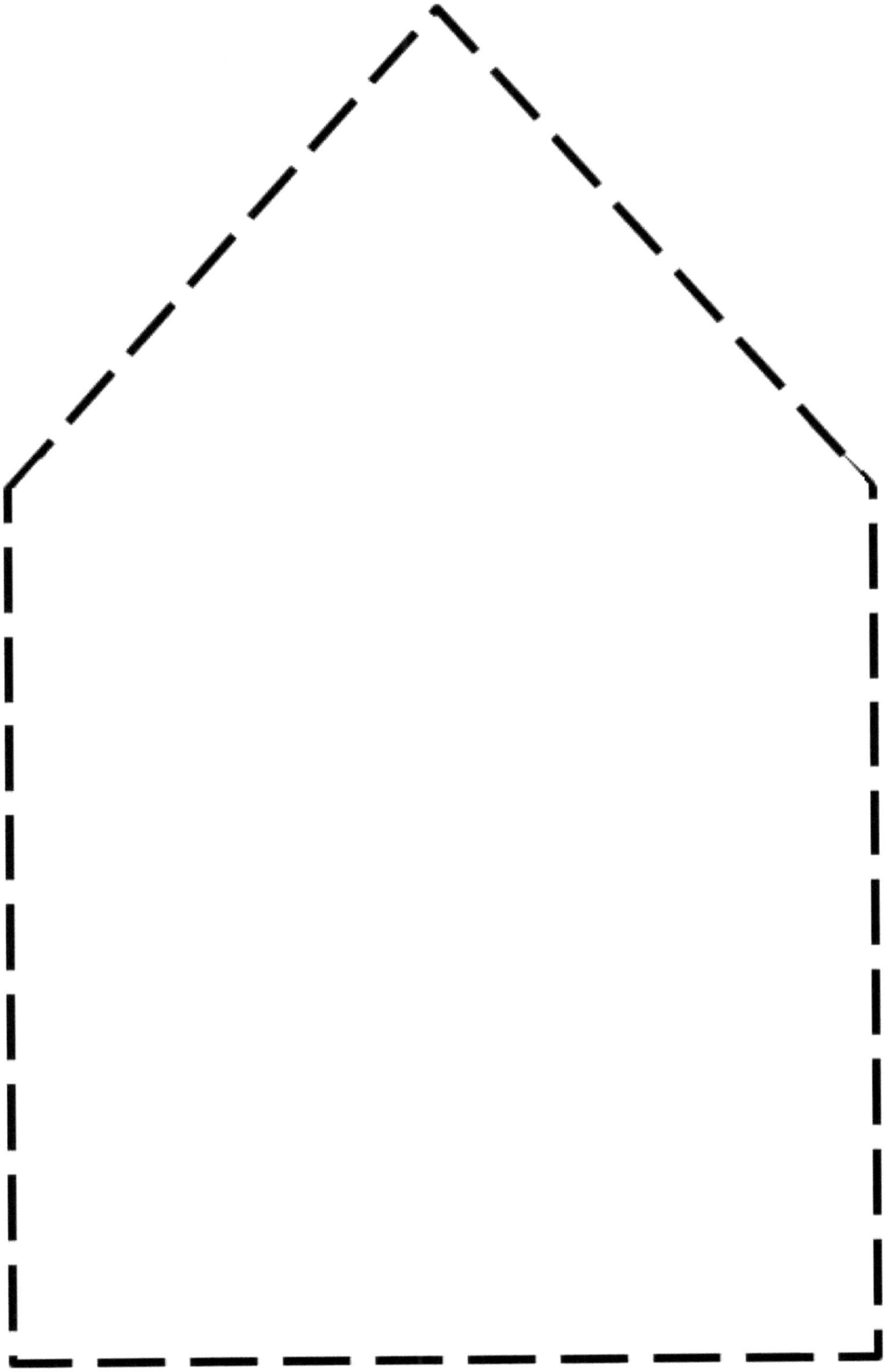

UNE HISTOIRE D'UNITÉS — **Leçon 12 Modèle 1** 4•4

pentagone

Leçon 12 : Reconnaître les lignes de symétrie pour des formes bidimensionnelles données. Identifier les formes à symétrie linéaire et tracer des lignes de symétrie.

Nom _____ Date _____

1. Entoure les formes qui ont une ligne de symétrie correcte.

 a.    b.    c.   d.

2. Trouve et dessine toutes les lignes de symétrie pour les formes suivantes. Écris le nombre de lignes de symétrie que tu as trouvées dans le blanc sous la forme.

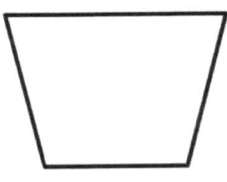

a. _____

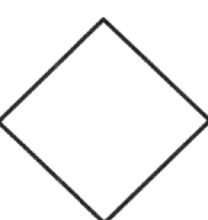

b. _____

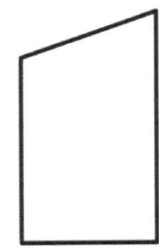

c. _____

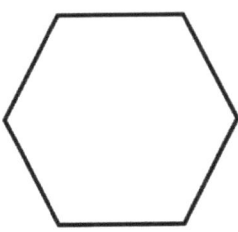

d. _____

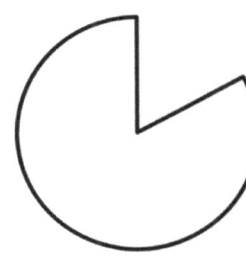

e. _____

f. _____

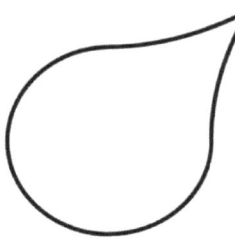

g. _____

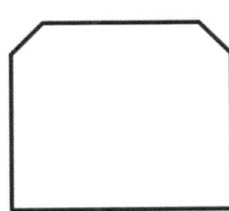

h. _____

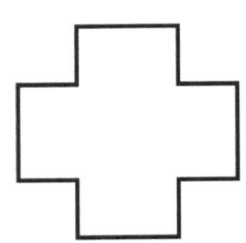

i. _____

3. La moitié de chaque forme ci-dessous a été dessinée. Utilise la ligne de symétrie, représentée par la ligne en pointillés, pour compléter chaque forme.U

a.

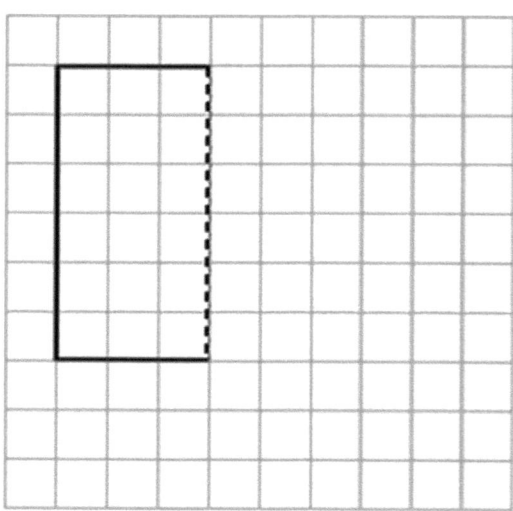

b.

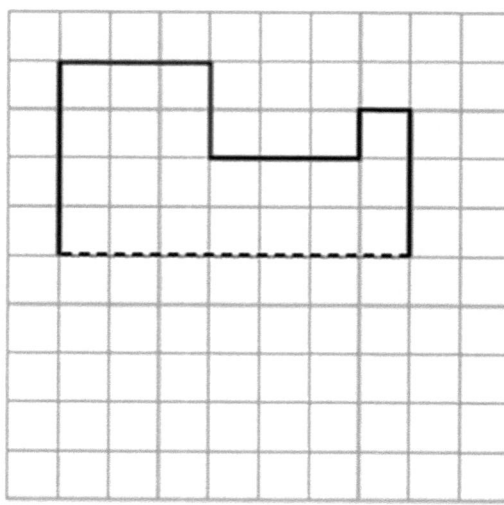

c.

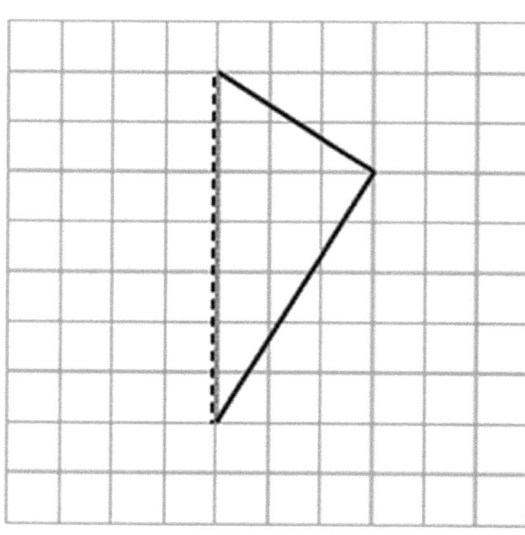

d.

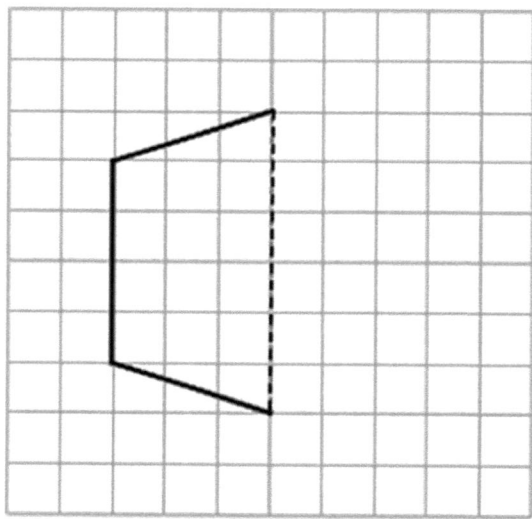

4. La figure ci-dessous est un cercle. Combien de lignes de symétrie possède la figure ? Explique.

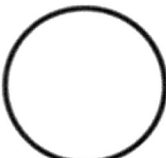

Nom _____ Date _____

1. La ligne tracée est-elle une ligne de symétrie ? Entoure ton choix.

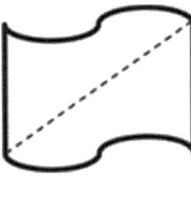  

Oui   Non   Oui   Non   Oui   Non

2. Trace autant de lignes de symétrie qui tu peux trouver dans la figure ci-dessous.

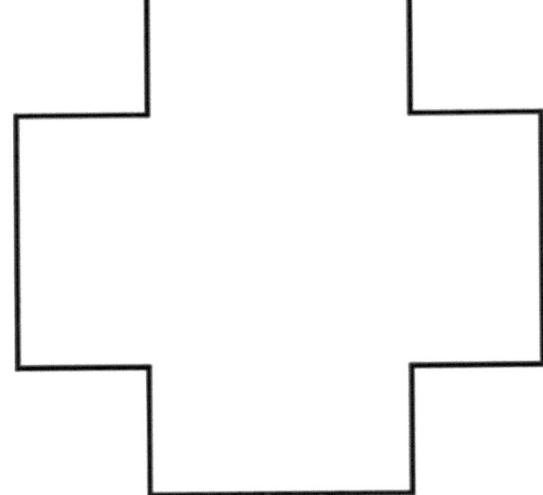

UNE HISTOIRE D'UNITÉS Leçon 12 Modèle 2 4•4

Figure 1   Figure 2

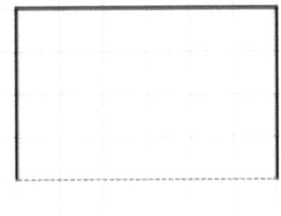   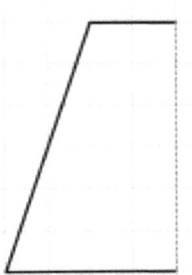

lignes de symétrie

Coupe le long de la ligne pointillée dans le modèle sur la page suivante. Plie les triangles A, B et C pour montrer leurs lignes de symétrie. Utilise un bord droit pour tracer chaque pli. Observe les rapports de formes symétriques à leurs angles et les longueurs de leurs côtés. Écris un résumé de tes observations.

Lire   Dessiner   Écrire

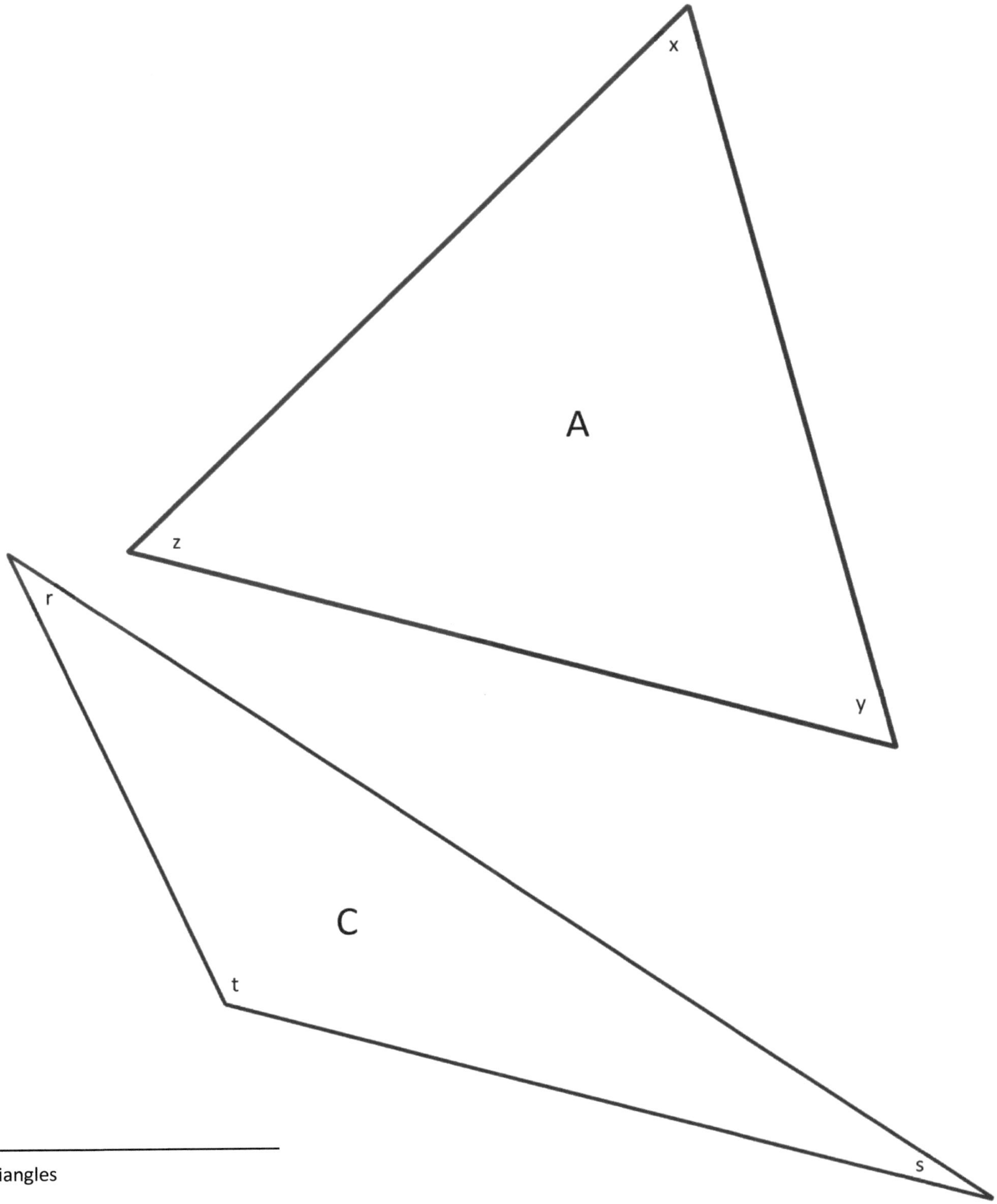

Leçon 13 Modèle 4•4

triangles

Leçon 13 : Analyser et classer les triangles en fonction de la longueur de leurs côtés, de la mesure de leurs angles ou des deux.

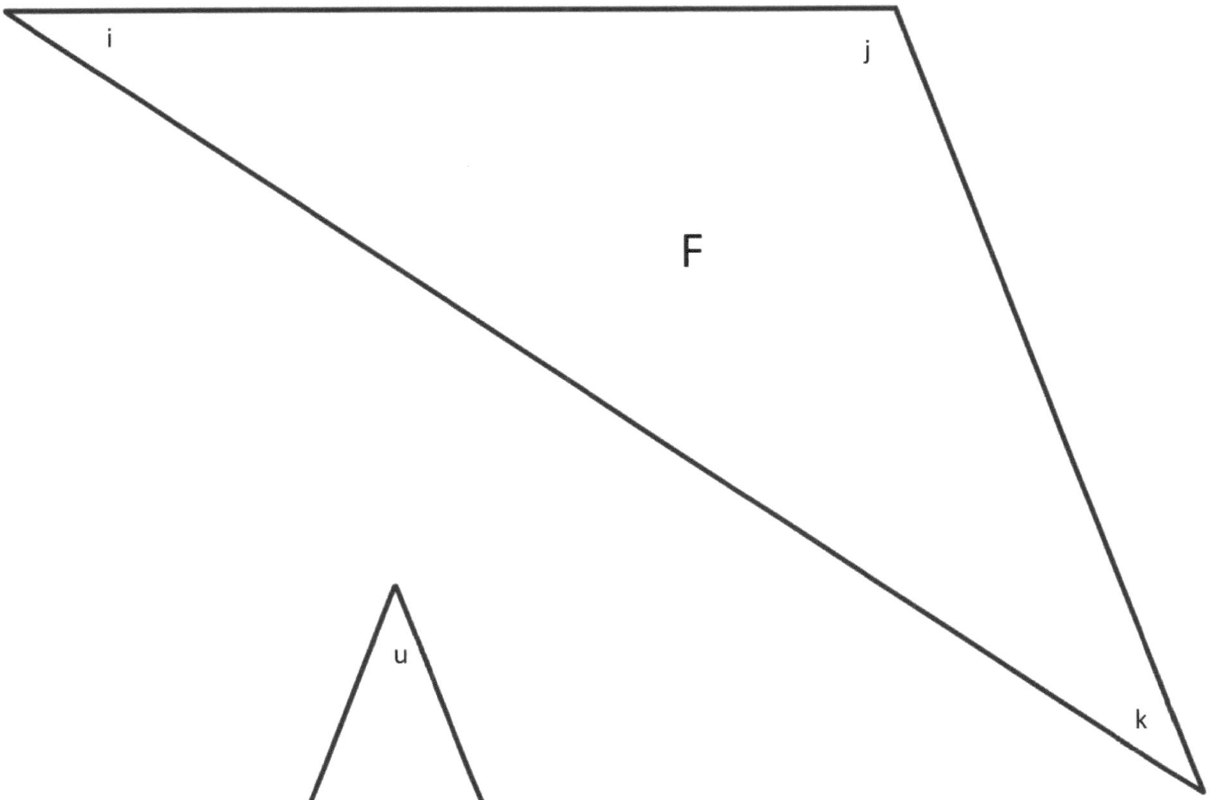

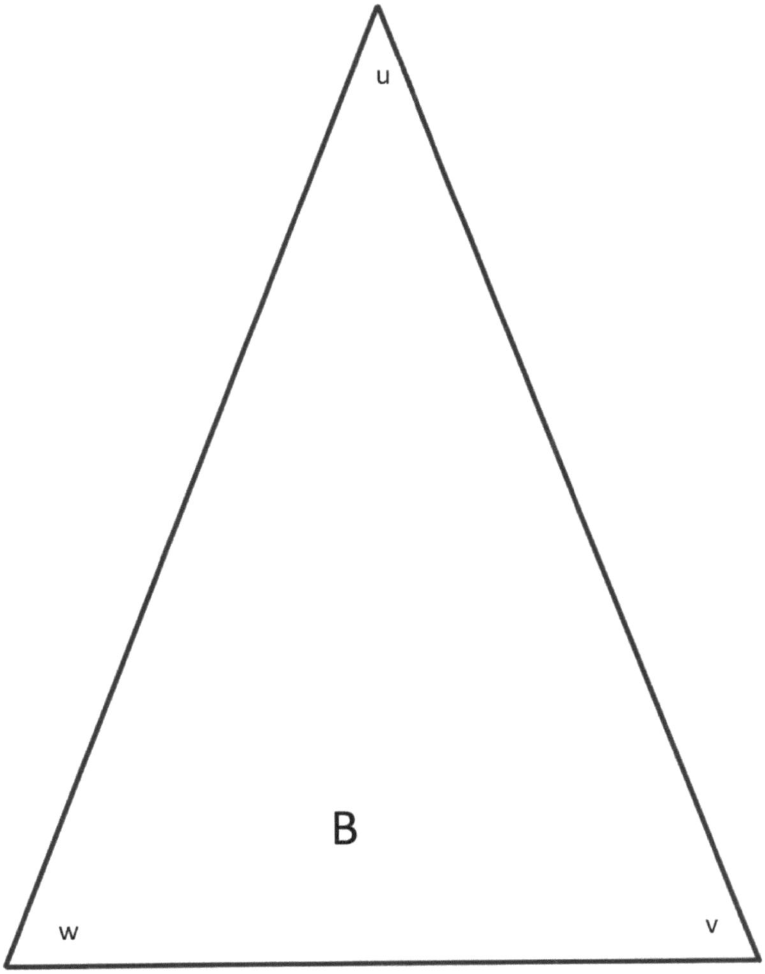

F

B

triangles

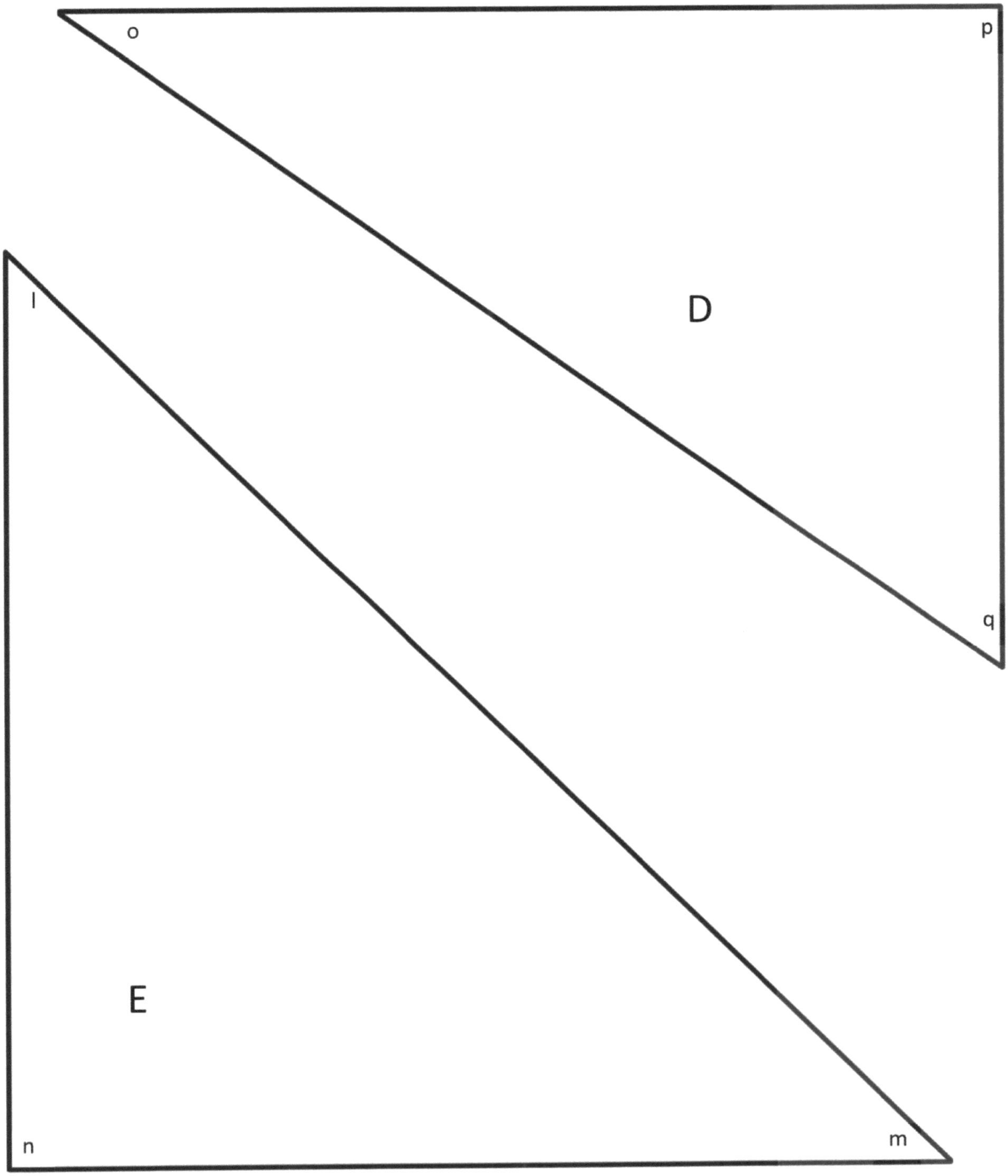

triangles

Leçon 13 Fiche de pratique 4•4

Nom _____ Date _____

Croquis du triangle	Attributs (Inclus les longueurs des côtés et les mesures des angles.)	Classification	
A			
B			
C			
D			
E			
F			

Leçon 13 : Analyser et classer les triangles en fonction de la longueur de leurs côtés, de la mesure de leurs angles ou des deux.

Nom _____ Date _____

1. Classe chaque triangle par ses longueurs latérales et ses mesures d'angle. Entoure les noms corrects.

		Classer à l'aide des longueurs de côté	Classifie en utilisant des mesures des angles
a.		Équilatéral Isocèle Scalène	Aigu Droit Obtus
b.		Équilatéral Isocèle Scalène	Aigu Droit Obtus
c.		Équilatéral Isocèle Scalène	Aigu Droit Obtus
d.		Équilatéral Isocèle Scalène	Aigu Droit Obtus

2. $\triangle ABC$ a une ligne de symétrie comme indiqué. Qu'est-ce que cela te dit à propos de la mesure de $\angle A$ et de $\angle C$?

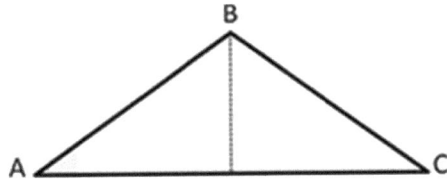

3. $\triangle DEF$ a trois lignes de symétrie comme indiqué.

   a. Comment les lignes de symétrie peuvent-elles t'aider à déterminer quels angles sont égaux ?

   b. $\triangle DEF$ a un périmètre de 30 cm. Étiquette les longueurs des côtés.

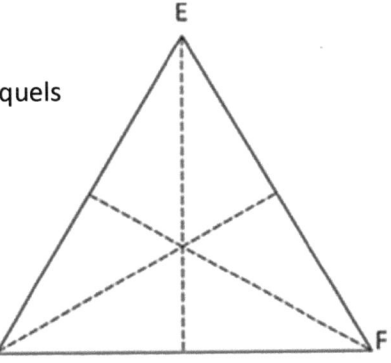

4. Utilise une règle pour relier des points pour former deux autres triangles. N'utilise chaque point qu'une seule fois. Aucun des triangles ne peut se chevaucher. Un ou deux points de seront pas utilisés. Nomme et classe les trois triangles ci-dessous. Le premier a été fait pour toi.

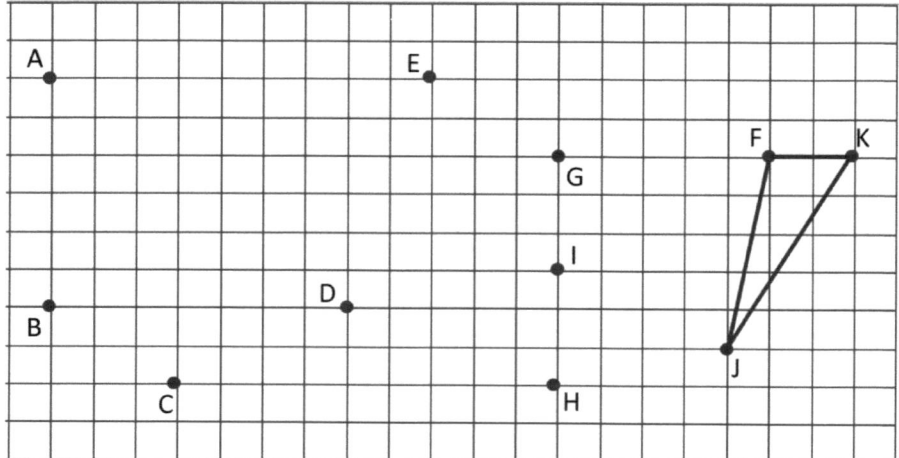

Nomme les triangles à l'aide de leurs sommets	Classer par longueur de côté	Classer par mesure d'angle
ΔFJK	Scalène	Obtus

5. a. Énumère trois points de la grille ci-dessus qui ne forment pas de triangle lorsqu'ils sont liés par des segments.

   b. Pourquoi ces trois points ne forment-ils pas un triangle lorsqu'ils sont liés par des segments ?

6. Un triangle peut-il avoir deux angles droits ? Explique.

Nom _____ Date _____

Utilise des outils adaptés pour résoudre les problèmes suivants.

1. Les triangles ci-dessous ont été classifiés selon leurs attributs partagés (longueur de côtés <u>ou</u> type d'angles). Utilise les mots *aigu, droit, obtus, scalène, isocèle* ou *équilatéral* pour étiqueter les titres pour qu'ils indiquent la façon dont les triangles ont été triés.

2. Trace des lignes pour identifier chaque triangle selon le type de ses angles *et* la longueur de ses côtés.

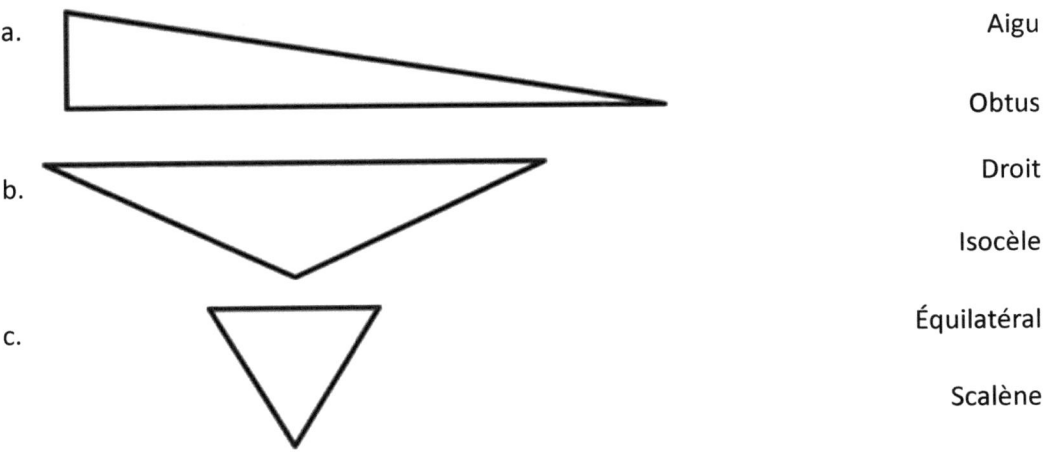

Aigu

Obtus

Droit

Isocèle

Équilatéral

Scalène

3. Identifie et trace toutes les lignes de symétrie des triangles dans le Problème 2.

Marque trois points sur ton papier quadrillé de façon qu'ils forment un triangle lorsqu'ils sont reliés. Utilise ton bord droit pour relier les trois points pour former un triangle. Déterminer comment classifier le triangle construit : droit, aigu, obtus, équilatéral, isocèle ou scalène.

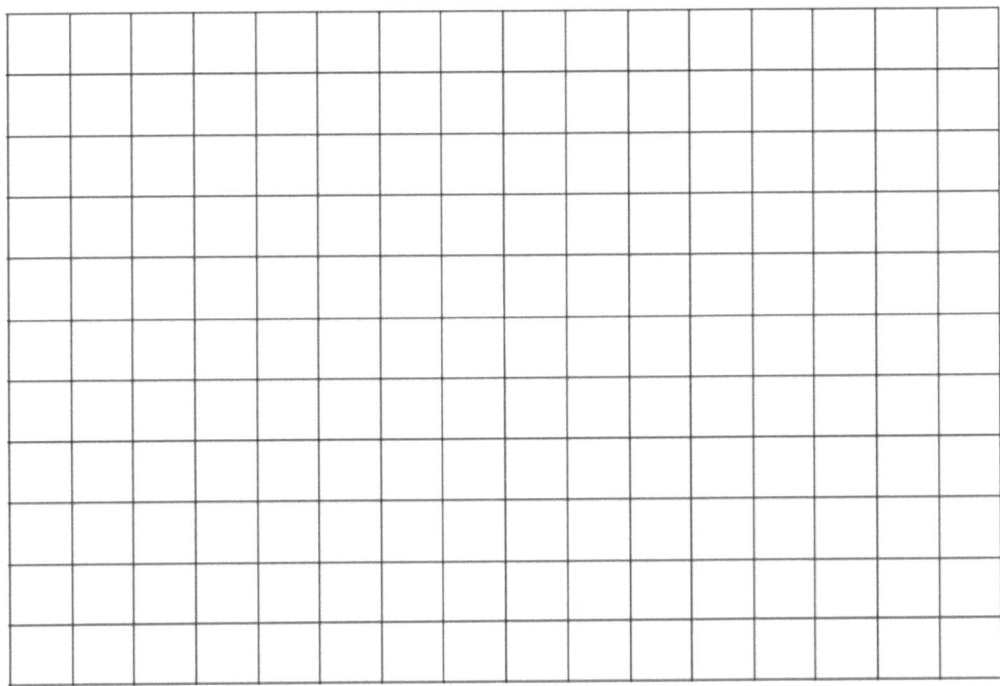

a. Comment peux-tu classifier ton triangle ?

Lis   Dessiner   Écrire

Leçon 14 : Définir et construire des triangles à partir de critères donnés. Explorer la symétrie dans les triangles.

b. Quels attributs as-tu considérés pour classifier le triangle ?

c. Quels outils as-tu utilisés pour t'aider à dessiner et classifier ton triangle ?

Lire   **Dessiner**   **Écrire**

Nom _____ Date _____

1. Dessine des triangles qui correspondent aux classifications suivantes. Utilise une règle et un rapporteur. Étiquette les longueurs et les angles des côtés.

    a. Droit et isocèle

    b. Obtus et scalène

    c. Aigu et scalène

    d. Aigu et isocèle

2. Trace toutes les lignes de symétrie possibles dans les triangles ci-dessus. Explique pourquoi certains des triangles n'ont pas de lignes de symétrie.

Leçon 14 : Définir et construire des triangles à partir de critères donnés. Explorer la symétrie dans les triangles.

Les déclarations suivantes sont-elles vraies ou fausses ? Explique à l'aide d'images ou de mots.

3. Si Δ *ABC* est un triangle équilatéral, $\overline{BC}$ doit être 2 cm. Vrai ou faux ?

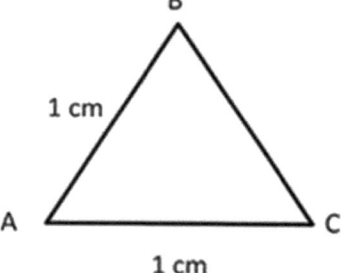

4. Un triangle ne peut pas avoir un angle obtus et un angle droit. Vrai ou faux ?

5. Δ *EFG* peut être décris comme un triangle droit et isocèle. Vrai ou faux ?

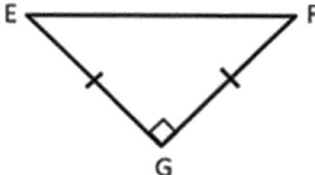

6. Un triangle équilatéral est isocèle. Vrai ou faux ?

Extension : Dans Δ *HIJ*, a = b. Vrai ou faux ?

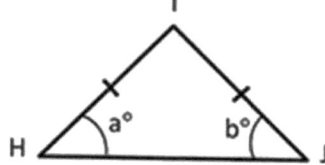

Nom _____ Date _____

1. Dessine un triangle isocèle et obtus, puis dessine toutes les lignes de symétrie, s'il y en a.

2. Dessine un triangle scalène et droit, puis dessine toutes les lignes de symétrie, s'il y en a

3. Tout triangle a au moins ____ angles aigus.

a. Sur le papier quadrillé, trace deux segments de ligne perpendiculaires, chacun de 4 unités, qui s'étendent à partir d'un point V. Marque les segments comme $\overline{SV}$ et $\overline{UV}$. Dessine $\overline{SU}$. Quelle forme as-tu construite ? Classifie-le.

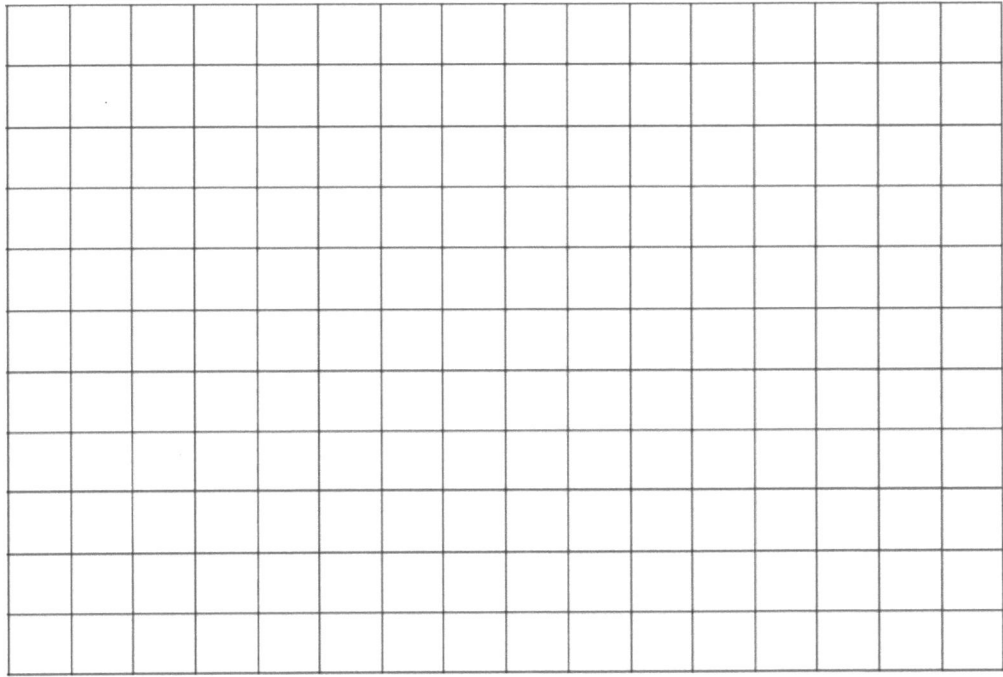

b. Imagine que $\overline{SU}$ est une ligne de symétrie. Construis l'autre moitié de la figure. Quelle forme as-tu construite ? Comment le sais-tu ?

Lire   **Dessiner**   **Écrire**

Leçon 15 : Classer les quadrilatères en fonction de lignes parallèles et perpendiculaires et de la présence ou de l'absence d'angles d'une taille spécifiée.

Nom _____ Date _____

Construis les figures ayant les attributs donnés. Nomme la forme que tu as créée. Sois aussi spécifique que possible. Utilise du papier vierge supplémentaire au besoin.

1. Construis des quadrilatères avec au moins une paire de côtés parallèles.

2. Construis un quadrilatère avec deux paires de côtés parallèles.

3. Construis un parallélogramme avec quatre angles droits.

4. Construis un rectangle dont tous les côtés ont la même longueur.

5. Utilise la banque de mots pour nommer chaque forme, en étant aussi spécifique que possible.

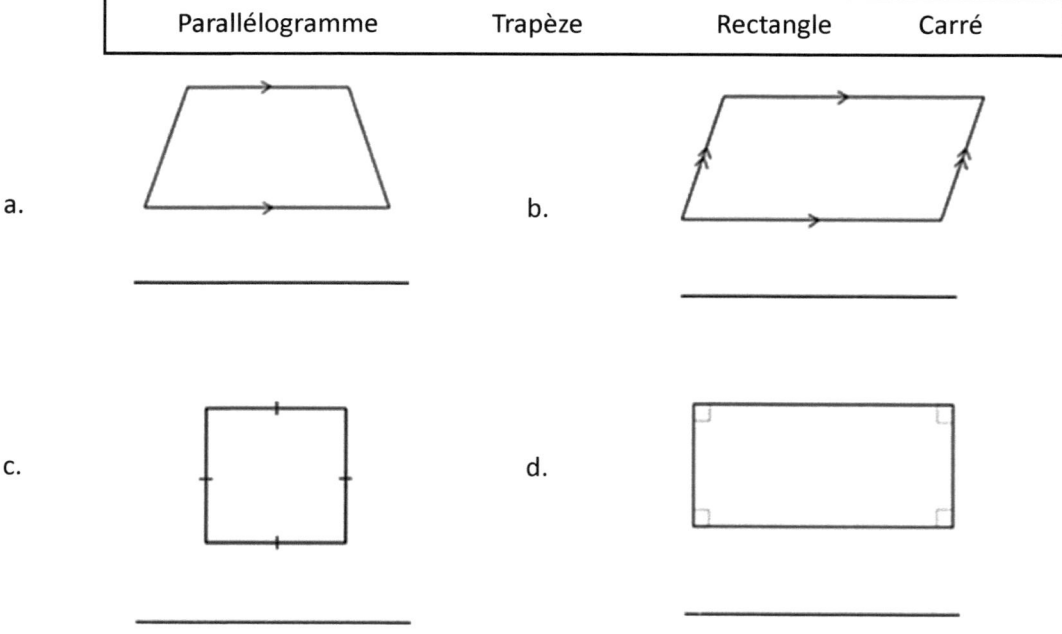

a. _____

b. _____

c. _____

d. _____

6. Explique l'attribut qui fait d'un carré un rectangle spécial.

7. Explique l'attribut qui fait d'un rectangle un parallélogramme spécial.

8. Explique l'attribut qui fait d'un parallélogramme un trapèze spécial.

Nom _____ Date _____

1. Dans l'espace ci-dessous, dessine un parallélogramme.

2. Explique en quoi un rectangle est un parallélogramme spécial.

Au sein des étoiles, trouve au moins deux exemples de chacune des formes suivantes. Explique quels attributs tu as utilisés pour identifier chacun.

- Triangles équilatéraux
- Trapèzes
- Parallélogrammes
- Losanges

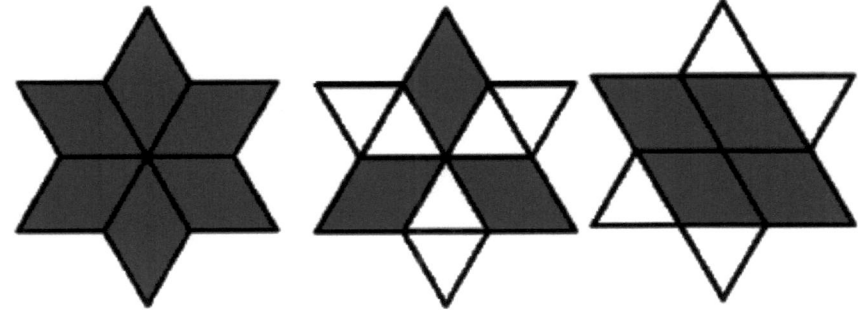

Lire   **Dessiner**   **Écrire**

Leçon 16 : Raisonner les attributs pour construire des quadrilatères sur du papier quadrillé carré ou triangulaire.

Nom _____ Date _____

1. Sur le papier quadrillé, dessine au moins un quadrilatère qui correspond à la description. Utilise le segment donné comme un segment du quadrilatère. Nomme la figure que tu as dessinée en utilisant un des termes ci-dessous.

| Parallélogramme | Trapèze | Rectangle |
| Carré | | Losange |

a. Un quadrilatère qui a au moins une paire de côtés parallèles.

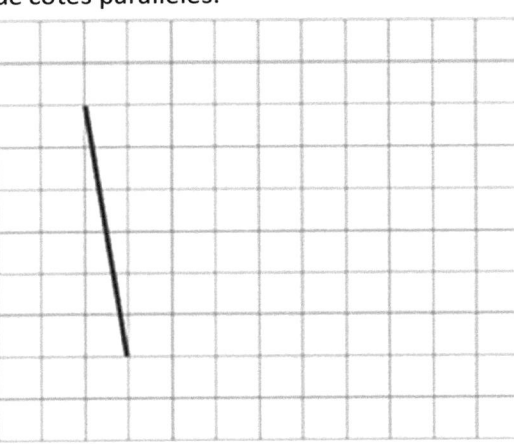

b. Un quadrilatère qui a quatre angles droits.

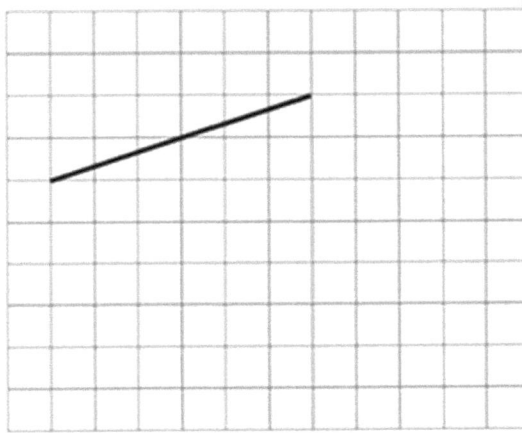

c. Un quadrilatère qui a deux paires de côtés parallèles

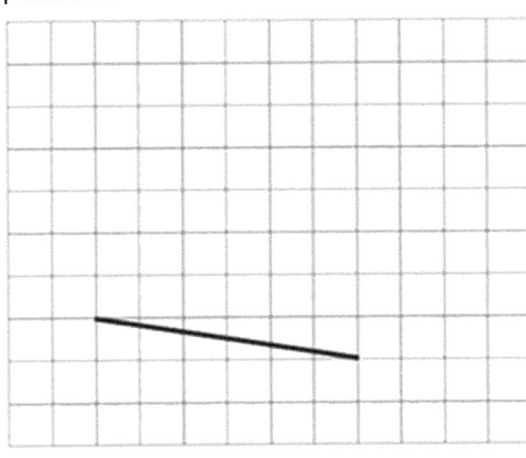

d. Un quadrilatère qui a au moins une paire de côtés perpendiculaires et au moins une paire de côtés parallèles.

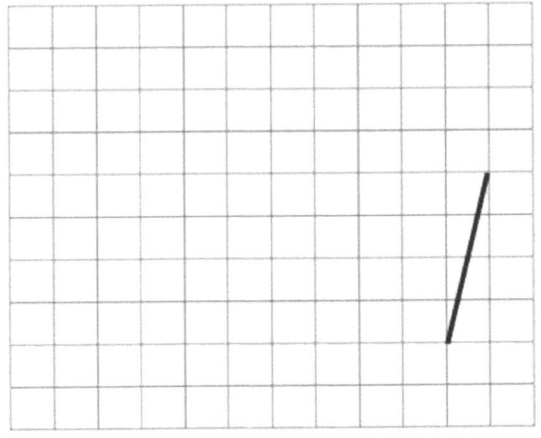

Leçon 16 : Raisonner les attributs pour construire des quadrilatères sur du papier quadrillé carré ou triangulaire.

2. Sur le papier quadrillé, dessine au moins un quadrilatère qui correspond à la description. Utilise le segment donné comme un segment du quadrilatère. Nomme la figure que tu as dessinée en utilisant un des termes ci-dessous.

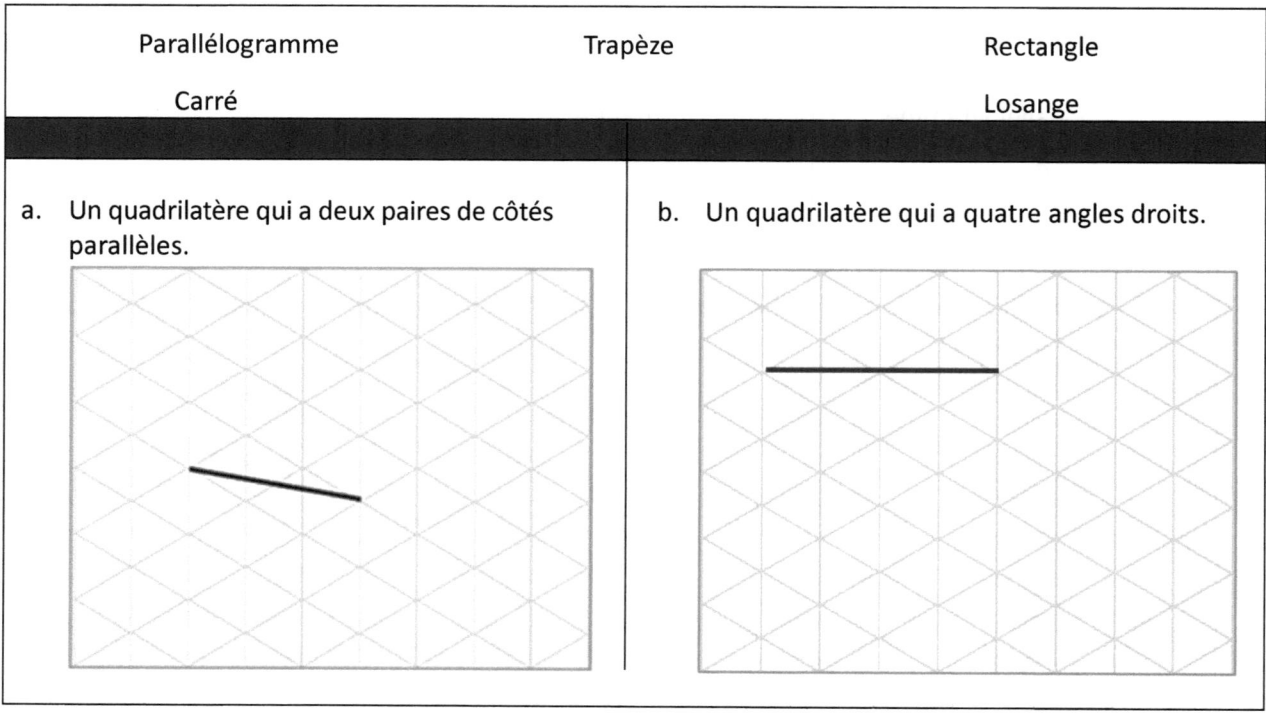

| Parallélogramme | Trapèze | Rectangle |
| Carré | | Losange |

a. Un quadrilatère qui a deux paires de côtés parallèles.

b. Un quadrilatère qui a quatre angles droits.

3. Explique les attributs qui distinguent un losange d'un rectangle.

4. Explique l'attribut qui distingue un carré d'un losange.

Nom _____ Date _____

1. Construis un parallélogramme qui n'a pas d'angles droits sur une grille rectangulaire.

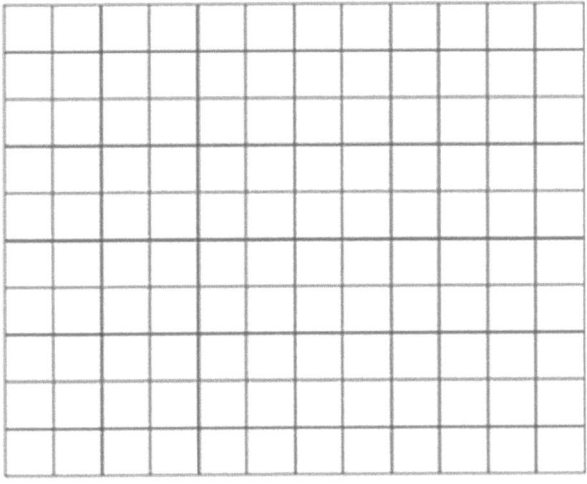

2. Construis un rectangle sur une grille triangulaire.

Crédits

Great Minds® a fait tout son possible pour obtenir l'autorisation de réimprimer tout le matériel protégé par des droits d'auteur. Si un propriétaire de matériel protégé par des droits d'auteur n'est pas mentionné dans le présent document, veuillez contacter Great Minds pour qu'il soit dûment mentionné dans toutes les éditions et réimpressions futures de ce module.

Printed by Libri Plureos GmbH in Hamburg, Germany